"十四五"高等职业教育系列教材

电气 CAD 项目教程

（第二版）

张 煜 徐 明 周雪冬 ◎ 主 编
严兴喜 田玉齐 ◎ 副主编

中国铁道出版社有限公司
CHINA RAILWAY PUBLISHING HOUSE CO., LTD.

内容简介

本书参照 GB/T 18135—2008《电气工程 CAD 制图规则》，结合大量专业图纸实例，采用计算机辅助设计的理念，以训练学生的电气制图与识图技能为核心，以工程过程为导向，依托 AutoCAD 制图软件，详细介绍了 AutoCAD 软件操作方法、电气工程涉及的常用电气图的基础知识、典型电气图的绘制方法与技巧等内容。同时，为拓展知识，加入了工程制图的部分图纸进行识读与绘制，丰富了学生的学习资源。

本书采用项目教学的方式组织内容，每个项目均来源于电气工程的典型案例，涵盖了四类典型电气工程图，将绘图技巧分散在项目具体操作中。每个项目由项目目标、项目描述、相关知识、项目实施、项目评价、技能练习与提高六部分组成。通过对本书的学习，读者可以掌握计算机辅助设计与绘图的基本理论和操作技能，具备自行识图、绘制电气工程图纸的能力。

本书适合作为高等职业院校电子信息类、自动化类专业的教材和实训指导书，也可作为电子信息类、自动化类及工程管理类各专业计算机辅助设计的培训教材，还可作为电气工程技术人员的自学参考书。

图书在版编目（CIP）数据

电气 CAD 项目教程/张煜，徐明，周雪冬主编．—2 版．—北京：中国铁道出版社有限公司，2023.8
"十四五"高等职业教育系列教材
ISBN 978-7-113-30414-0

Ⅰ.①电… Ⅱ.①张…②徐…③周… Ⅲ.①电气制图-AutoCAD 软件-高等职业教育-教材 Ⅳ.①TM02-39

中国国家版本馆 CIP 数据核字（2023）第 136556 号

书　　名	电气 CAD 项目教程
作　　者	张　煜　徐　明　周雪冬
策　　划	何红艳　　　　　　　　　　　　编辑部电话：（010）63560043
责任编辑	何红艳　包　宁
封面设计	付　巍
封面制作	刘　颖
责任校对	安海燕
责任印制	樊启鹏
出版发行	中国铁道出版社有限公司（100054，北京市西城区右安门西街 8 号）
网　　址	http://www.tdpress.com/51eds/
印　　刷	河北京平诚乾印刷有限公司
版　　次	2016 年 8 月第 1 版　2023 年 8 月第 2 版　2023 年 8 月第 1 次印刷
开　　本	787 mm×1 092 mm　1/16　印张：11.75　字数：276 千
书　　号	ISBN 978-7-113-30414-0
定　　价	35.00 元

版权所有　侵权必究

凡购买铁道版图书，如有印制质量问题，请与本社教材图书营销部联系调换。电话：（010）63550836
打击盗版举报电话：（010）63549461

前　言

随着计算机技术的发展，传统的手工绘图逐步被计算机绘图所代替。电气制图与识图是电气工程技术人员、自动控制系统设计人员、电力工程技术人员的典型工作任务，是高职电子信息类、自动化类专业的一门重要的专业技能课程，也是工程类技术人员必须掌握的基本技能。本书秉持"教育、科技、人才是全面建设社会主义现代化国家的基础性、战略性支撑。必须坚持科技是第一生产力、人才是第一资源、创新是第一动力，深入实施科教兴国战略、人才强国战略、创新驱动发展战略，开辟发展新领域新赛道，不断塑造发展新动能新优势"的根本宗旨，贯彻党的二十大精神，落实立德树人根本任务，严格按照最新国家标准的规定编写。

本书第一版以训练学生电气识图与制图技能为目标，全面介绍了AutoCAD软件操作方法、电气工程涉及的常用电气图的基础知识、典型电气图的绘制方法，使学生了解电气图的基础知识、识读电气类图纸的方法与技能、国家标准、电子器件图形符号，熟悉电气电子线路图形的基本绘制过程以及绘制标准，能够应用AutoCAD软件按照企业或行业要求进行电气图形设计。随着软件版本的升级、国家标准的更新、校企合作的深化，特进行修订。第二版重点更新软件版本及标准，同时补充选取了钢轨、桥梁等作为典型案例，为工程类读者学习提供参考，也为电子信息类、自动化类等专业进行工电供一体化复合人才培养提供合适教材。

本书具体体现以下特色：

1. 注重理论与实践相结合，采用行动导向教学理念、项目驱动式实例教学法，突出重点，分散难点，兼顾整体，分层要求，建立以学生为主体的学习模式。

2. 编写思路上，遵循"以学生为主体，以能力培养为中心，以技能训练为主线，以理论知识为支撑"。由实际需要掌握的知识、能力及具备的素质目标入手，通过项目描述对项目有初步认识，分析引入相关知识，以理论为依托进行项目实施，对实施的成果进行评价，最后通过练习提升技能。

3. 贴近岗位，以真实项目引领技能训练。全书共设计了电气工程识图与制图基础认知、功率放大器电路图的绘制、电气控制电路图的绘制、电气接线图的绘制和铁路工程图纸的绘制五个项目，用于训练学生的操作技能。项目设计的依据是，根据对高职高专学生就业的典型性岗位分析，得出学生所必须掌握的操作技能，再根据技能的难易度进行典型案例分析，以真实项目为载体进行设计。

4. 内容、结构安排科学合理。在内容阐述上，力求简明扼要、层次清楚、图文并茂；在结构编排上，遵循循序渐进、由浅入深的原则；在实训项目安排上，强调实用性、可操作性和可选择性。

5. 承前启后，既能承继前续课程内容，又可为后续课程打下良好的基础。

前续课程"电子电路的分析与应用""电气安装的规划与实施"使学生具备了基本电路设计、分析能力和读图、识图能力。这为学生后续课程打下坚实的硬件设计基础，以及为学生今后从事电子电路设计提供必要的技术支持。

本书由黑龙江交通职业技术学院张煜、徐明、周雪冬任主编，黑龙江交通职业技术学院严兴喜、齐齐哈尔和平重工集团有限公司田玉齐任副主编。具体分工如下：张煜编写项目一、项目二，周雪冬编写项目三，严兴喜、田玉齐编写项目四，徐明编写项目五。全书由张煜统稿和定稿。最后，感谢中铁建电气化局集团第三工程有限公司为本书提供部分电气图实例，感谢朱小娟、宋保卫提出宝贵意见，并向所有关心和支持本书的人表示衷心的感谢！

由于编者水平有限，加之编写时间仓促，书中难免会出现纰漏与不足之处，恳请读者批评指正，以便于今后改正。

编　者

2023 年 3 月

目 录

项目一 电气工程识图与制图基础认知 … 1
- 项目目标 … 1
- 项目描述 … 1
- 相关知识 … 2
  - 一、电气工程制图规范 … 2
  - 二、电气图形符号识别 … 6
  - 三、电气技术中的文字符号和项目代号 … 17
  - 四、AutoCAD 2019 工作空间的选择 … 26
  - 五、文字与表格 … 28
- 项目实施 … 47
- 项目评价 … 47
- 技能练习与提高 … 48

项目二 功率放大器电路图的绘制 … 49
- 项目目标 … 49
- 项目描述 … 49
- 相关知识 … 50
  - 一、常用绘图命令的使用 … 50
  - 二、常用基本编辑命令 … 59
- 项目实施 … 72
- 项目评价 … 76
- 技能练习与提高 … 76

项目三 电气控制电路图的绘制 … 78
- 项目目标 … 78
- 项目描述 … 78
- 相关知识 … 79
  - 一、绘制电路图的基本步骤 … 79
  - 二、图形界限设置 … 80
  - 三、图形单位设置 … 80

四、颜色设置 …………………………………………………………… 82

　　五、线型设置 …………………………………………………………… 82

　　六、线宽设置 …………………………………………………………… 84

　　七、创建图块 …………………………………………………………… 85

　　八、创建带属性的图块 ………………………………………………… 89

　项目实施 …………………………………………………………………… 94

　项目评价 ………………………………………………………………… 103

　技能练习与提高 ………………………………………………………… 103

项目四　电气接线图的绘制 ……………………………………………… 105

　项目目标 ………………………………………………………………… 105

　项目描述 ………………………………………………………………… 105

　相关知识 ………………………………………………………………… 106

　　一、图层设置 ………………………………………………………… 106

　　二、图案填充 ………………………………………………………… 114

　　三、尺寸标注 ………………………………………………………… 122

　　四、打印图纸 ………………………………………………………… 139

　项目实施 ………………………………………………………………… 148

　项目评价 ………………………………………………………………… 156

　技能练习与提高 ………………………………………………………… 156

项目五　铁路工程图纸的绘制 …………………………………………… 158

　项目目标 ………………………………………………………………… 158

　项目描述 ………………………………………………………………… 158

　相关知识 ………………………………………………………………… 158

　　一、钢轨 ……………………………………………………………… 158

　　二、道岔 ……………………………………………………………… 159

　　三、桥墩 ……………………………………………………………… 159

　项目实施 ………………………………………………………………… 159

　项目评价 ………………………………………………………………… 177

　技能练习与提高 ………………………………………………………… 178

参考文献 ………………………………………………………………… 180

项目一 电气工程识图与制图基础认知

项目目标

【知识目标】
1. 掌握电气工程 CAD 制图规范。
2. 掌握文字和表格的使用方法及编辑技巧。
3. 掌握 AutoCAD 2019 软件的基本操作。

【能力目标】
1. 能够按照电气工程 CAD 制图规范绘制图幅。
2. 能够识别电气图形符号。
3. 能够安装 AutoCAD 2019 软件并进行基本操作。
4. 能够绘制表格、输入文字。

【素质目标】
1. 养成严谨的工作作风。
2. 养成爱岗敬业精神。
3. 树立职业道德意识,并按照企业的质量管理体系标准去学习和工作。

项目描述

电气专业学生经常要按照电气图对电气装置进行安装和调试,因此电气工程技术人员需要具备一定的制图和识图能力。

【项目实施要求】

本项目要求学生通过对电气工程图纸基本知识的学习,掌握电气工程图中的图纸幅面、格式、标题栏、比例、字体、图线、尺寸标注等相关知识内容;了解电子工程图的特点与设计规范和常用电子元器件符号的构成和分类;通过对 AutoCAD 2019 软件的学习,掌握软件常用操作命令,可熟练绘制和编辑基本二维图形。项目实施步骤如下:

①教师布置要完成的项目。

②教师组织实施教学,将学生分成 4~6 人一个学习小组,以小组的形式组织讨论、查找与项目相关的学习资源、研究学习计划、实施项目教学。

③教师全程关注每个小组的学习进度,提出指导性意见,培养学生反思的习惯和决断力。

④完成项目后,小组进行总结汇报或实作演示,学生进行自我评分及互相评分,给出各项目学习要点的评定成绩,教师根据对学生测试检查或成果展示情况给出评分。

【项目图示】

电气工程图纸的图示,如图 1-1 所示。

```
┌─────────────────────────────────────────┐
│          改 建 铁 路                    │
│    ××客运专线防灾安全监控补强工程       │
│            （沈阳范围）                 │
│             施 工 图                    │
│                                         │
│      牵引变电设施配套改造施工图         │
│                                         │
│      图号：××补强沈山段施变-01         │
│                                         │
│                                         │
│                                         │
│       铁道×××××××××有限公司            │
│       二零二二年七月    天津            │
└─────────────────────────────────────────┘
```

图 1-1 电气工程图纸

【项目准备】

①每位同学配备一台计算机。

②每台计算机上均安装 AutoCAD 2019 软件。

 相关知识

一、电气工程制图规范

电气工程设计部门设计、绘制图样，施工单位按图样组织工程施工，所以图样必须有设计和施工等部门共同遵守的一定格式和一些基本规定，本节主要介绍国家标准《电气工程 CAD 制图规则》（GB/T 18135—2008）中常用的有关规定。

1. 图纸的幅面和格式

（1）图纸的幅面

绘制图样时，图纸幅面尺寸应优先采用表 1-1 中规定的基本幅面。

表 1-1　图纸的基本幅面及图框尺寸　　　　　　　　　　　　　　　mm

幅面代号	A0	A1	A2	A3	A4
$B \times L$	841×1 189	594×841	420×594	297×420	210×297
a	25				
c	10			5	
e	20			10	

表中 a、c、e 为留边宽度。图纸幅面代号由"A"和相应的幅面号组成，即 A0～A4。基本幅面共有五种，其尺寸关系如图 1-2 所示。

幅面代号的几何含义,实际上就是对 0 号幅面的对开次数。如 A1 中的"1",表示将全张纸(A0 幅面)长边对折裁切一次所得的幅面;A4 中的"4",表示将全张纸长边对折裁切四次所得的幅面,如图 1-2 所示。

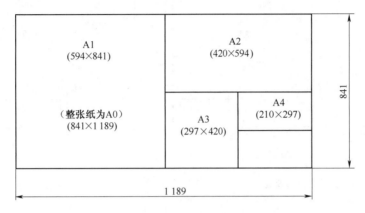

图 1-2　基本幅面的尺寸关系

必要时,允许沿基本幅面的短边成整数倍加长幅面,但加长量必须符合国家标准《技术制图　图纸幅面和格式》(GB/T 14689—2008)中的规定。

图框线必须用粗实线绘制。图框格式分为留有装订边和不留装订边两种,如图 1-3 和图 1-4 所示。两种格式图框的周边尺寸 a、c、e 见表 1-1。

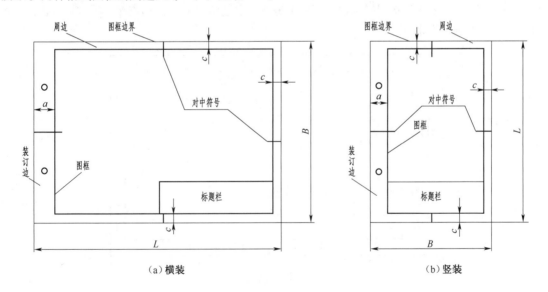

图 1-3　留有装订边图样的图框格式

【注意】　图纸幅面有横式和立式两种,常用图幅为 A3(297×420) 和 A4(210×297),尺寸要记牢。同一产品的图样只能采用一种图框格式。

国家标准规定,工程图样中的尺寸以 mm 为单位时,不需要标注单位符号(或名称)。如采用其他单位,则必须注明相应的单位符号。本书的文字叙述和图例中的尺寸单位为 mm,均未标出。

为了确定图中内容的位置及其他用途,往往需要将一些幅面较大内容复杂的电气图进行分区,如图 1-5 所示。

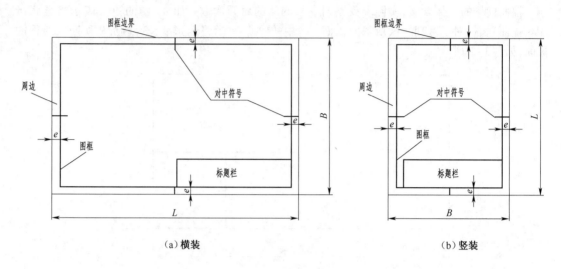

(a) 横装　　　　　　　　　　　　　　(b) 竖装

图 1-4　不留装订边图样的图框格式

图幅的分区方法是:将图纸相互垂直的两边各自加以等分,竖边方向用大写拉丁字母编号,横边方向用阿拉伯数字编号,编号的顺序应从与标题栏相对的左上角开始,分区数应为偶数;每一分区的长度一般应不小于 25 mm,不大于 75 mm,对分区中的符号应以粗实线给出,其线宽不宜小于 0.5 mm。

图纸分区后,相当于在图样上建立了一个坐标。电气图上的元件和连接线的位置可由此"坐标"而唯一地确定下来。

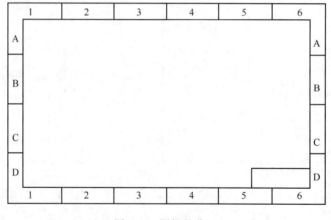

图 1-5　图幅的分区

(2) 标题栏

标题栏是用来确定图样的名称、图号、张次、更改和有关人员签署等内容的栏目,位于图样的下方或右下方。图中的说明、符号的方向均应与标题栏的文字方向统一。

目前我国尚没有统一规定标题栏的格式,各设计部门标题栏格式不一定相同。通常采用的标题栏格式应有以下内容:设计单位名称、工程名称、项目名称、图名、图别、图号等。电气工程图中常用图 1-6 所示标题栏格式,可供借鉴。

学生在作业时,常采用图 1-7 所示的标题栏格式。

设计单位名称						
设计人				图样名称	图号	
校对人					比例	
审核人					日期	
工程名称		版本号：A				

图1-6　标题栏格式

设计	姓名	单位	黑龙江交通职业技术学院
审核	姓名	图名	三相异步电动机正反转控制电路图
工艺	姓名		
标准	GB/T 123-4		1-1

图1-7　作业用标题栏

2. 比例

比例是指图中图形与其实物相应要素的线性尺寸之比。

绘制图样时，应优先选择表1-2中的优先使用比例。必要时也允许从表1-2中允许使用比例中选取。

表1-2　绘图的比例

种类		比　　例
原值比例		1:1
放大比例	优先使用	5:1　2:1　$5\times10^n:1$　$2\times10^n:1$　$1\times10^n:1$
	允许使用	4:1　2.5:1　$4\times10^n:1$　$2.5\times10^n:1$
缩小比例	优先使用	1:2　1:5　1:10　$1:2\times10^n$　$1:5\times10^n$　$1:1\times10^n$
	允许使用	1:1.5　1:2.5　1:3　1:4　1:6 $1:1.5\times10^n$　$1:2.5\times10^n$　$1:3\times10^n$　$1:4\times10^n$　$1:6\times10^n$

注：n 为正整数。

3. 字体

在图样上除了要用图形来表达机件的结构形状外，还必须用数字及文字来说明它的大小和技术要求等其他内容。

（1）基本规定

在图样和技术文件中书写的汉字、数字和字母，都必须做到：字体工整、笔画清楚、间隔均匀、排列整齐。字体的号数代表字体高度（用 h 表示）。字体高度的公称尺寸系列为：1.8 mm、2.5 mm、3.5 mm、5 mm、7 mm、10 mm、14 mm、20 mm。如需要更大的字，其字高应按 $\sqrt{2}$ 的比率递增。汉字应写成长仿宋体字，并应采用国家正式公布的简化字。汉字的高度 h 应不小于3.5，其字宽一般为 $h/\sqrt{2}$。字母和数字分 A 型和 B 型。A 型字体的笔画宽度 $d=h/14$，B 型字体的笔画

宽度 $d = h/10$。在同一张图样上,只允许选用一种形式的字体。字母和数字可写成斜体和直体。斜体字字头向右倾斜,与水平基准线成75°。

(2) 字体示例

字示例:

字母示例:

罗马数字示例:

4. 图线及其画法

图线是指起点和终点间以任意方式连接的一种几何图形,它是组成图形的基本要素,形状可以是直线或曲线、连续线或不连续线。国家标准 GB/T 18135—2008 中规定了在工程图样中使用的六种图线,其名称、形式、宽度以及主要用途见表1-3。

表1-3 常用图线的形式、宽度和主要用途

图线名称	图线形式	图线宽度	主要用途
粗实线	————————	b	电气线路、一次线路
细实线	————————	约 $b/3$	二次线路、一般线路
虚线	- - - - - - - -	约 $b/3$	屏蔽线、机械连线
细点画线	—·—·—·—·—	约 $b/3$	控制线、信号线、围框线
粗点画线	—·—·—·—·—	b	有特殊要求的线
双点画线	—··—··—··—	约 $b/3$	原轮廓线

图线分为粗、细两种。以粗线宽度作为基础,粗线的宽度 b 应按图的大小和复杂程度,在 0.5~2 mm 之间选择,细线的宽度应为粗线宽度的1/3。图线宽度的推荐系列为:0.18 mm、0.25 mm、0.35 mm、0.5 mm、0.7 mm、1 mm、1.4 mm、2 mm,若各种图线重合,应按粗实线、点画线、虚线的先后顺序选用线型。

二、电气图形符号识别

在绘制电气图形符号时,一般用于图样或其他文件的表示一个设备或概念的图形、标记或字符的符号称为电气图形符号。电气图形符号只要用示意图形绘制即可,不需要精确比例。

1. 电气图的图形符号

《电气简图用图形符号》国家标准采用国际电工委员会(IES)标准,在国际上具有通用性,有利于对外技术交流。GB/T 4728 电气简图用图形符号共分 13 部分。

①一般要求(GB/T 4728.1—2018)。有本标准内容提要、名词术语、符号的绘制、编号使用及其他规定。

②符号要素、限定符号和其他常用符号(GB/T 4728.2—2018)。包括轮廓和外壳、电流和电压的种类、可变性、力或运动的方向、流动方向、材料的类型、效应或相关性、辐射、信号波形、机械控制、操作件和操作方法、非电量控制、接地、接机壳和等到电位、理想电路元件等。

③导体和连接件(GB/T 4728.3—2018)。包括电线、屏蔽或绞合导线、同轴电缆、端子导线连接、插头和插座、电缆终端头等。

④基本无源件(GB/T 4728.4—2018)。包括电阻器、电容器、电感器、铁氧体磁芯、压电晶体、驻极体等。

⑤半导体管和电子管(GB/T 4728.5—2018)。包括二极管、三极管、电子管等。

⑥电能的发生与转换(GB/T 4728.6—2022)。包括绕组、发电机、变压器等。

⑦开关、控制和保护器件(GB/T 4728.7—2022)。包括触点、开关、开关装置、控制装置、起动器、继电器、接触器和保护器件等。

⑧测量仪表、灯和信号器件(GB/T 4728.8—2022)。包括指示仪表、记录仪表、热电偶、遥控装置、传感器、灯、电铃、峰鸣器、喇叭等。

⑨电信:交换和外围设备(GB/T 4728.9—2022)。包括交换系统、选择器、电话机、电报和数据处理设备、传真机等。

⑩电信:传输(GB/T 4728.10—2022)。包括通信电路、天线、波导管器件、信号发生器、激光器、调制器、解调器、光纤传输。

⑪建筑安装平面布置图(GB/T 4728.11—2022)。包括发电站、变电所、网络、音响和电视的分配系统、建筑用设备、露天设备。

⑫二进制逻辑元件(GB/T 4728.12—2022)。包括计数器、存储器等。

⑬模拟元件(GB/T 4728.13—2022)。包括放大器、函数器、电子开关等。

常用电气图图形符号见表1-4。

表1-4 电气图形常用图形符号及画法使用命令

序号	图形符号	说 明	使 用 命 令
1	———	直流电:电压可标注在符号右边,系统类型可标注在左边	直线
2	∼	交流电:频率或频率范围可标注在符号的左边	样条曲线
3	≂	交直流	直线、样条曲线
4	+	正极性	直线
5	−	负极性	直线

续表

序号	图形符号	说　　明	使　用　命　令
6	→	运动方向或力	引线
7	→	能量、信号传输方向	直线
8	⏚	接地符号	直线
9	⏛	接机壳	直线
10	▽	等电位	正多边形、直线
11	↯	故障	引线、直线
12	┼	导线跨越而不连接	直线
13	▭	电阻器的一般符号	矩形、直线
14	⊣⊢	电容器的一般符号	直线
15	⌒⌒⌒	电感器、线圈、绕组、扼流圈	直线、圆弧
16	⊣⊢	原电池或蓄电池	直线
17	⇃	动合(常开)触点	直线
18	⇂	动断(常闭)触点	直线

续表

序号	图形符号	说　　明	使 用 命 令
19		延时断开的动合触点 带时限的继电器和接触器触点	直线、圆弧
20		延时断开的动合触点	直线、圆弧
21		延时闭合的动断触点	直线、圆弧
22		延时闭合的动断触点	直线、圆弧
23		手动操作开关的一般符号	直线
24		自动复位的手动按钮开关	直线
25		带动合触点的位置开关	直线
26		带动断触点的位置开关	直线
27		多极开关的一般符号,单线表示 (内部使用该符号)	直线
28		多极开关的一般符号,多线表示 (内部使用该符号)	直线
29		隔离开关;隔离器	直线

续表

序号	图形符号	说　　明	画法使用命令
30		负荷隔离开关	直线、圆弧、圆
31		断路器(自动开关)的动合(常开)触点	直线
32		接触器动合(常开)触点	直线、圆弧
33		接触器动断(常闭)触点	直线、圆弧
34		继电器、接触器等的线圈一般符号	矩形、直线
35		缓吸线圈(带时限的电磁电器线圈)	矩形、直线
36		缓放线圈(带时限的电磁电器线圈)	直线、矩形 图案填充
37		热继电器的驱动器件	直线、矩形
38		热继电器的触点	直线
39		熔断器的一般符号	直线、矩形
40		熔断器开关	直线、矩形 旋转
41		熔断器式隔离开关	直线、矩形 旋转
42		跌开式熔断器(内部使用该符号)	直线、矩形 旋转、圆

续表

序号	图形符号	说 明	画法使用命令
43		阀型避雷器	矩形、图案填充
44	●	避雷针	圆、图案填充
45		电机的一般符号 C——旋转变流机 G——发电机 GS——同步发电机 M——电动机 MG——能作为发电机或电动机使用的电机 MS——同步电动机 SM——伺服电动机 TG——测速发电机 TM——力矩电动机 IS——感应同步器	直线、圆
46		交流电动机	圆、多行文字
47		双绕组变压器和电压互感器	直线、圆、复制、修剪
48		三绕组变压器	
49		电流互感器	
50		电抗器,扼流圈	直线、圆、修剪
51		自耦变压器	直线、圆、圆弧

续表

序号	图形符号	说　　明	画法使用命令
52	(V)	电压表	圆、多行文字
53	(A)	电流表	圆、多行文字
54	(cosφ)	功率因数表	圆、多行文字
55	Wh	电度表	矩形、多行文字
56	时钟符号	时钟	圆、直线、修剪
57	音响信号装置符号	音响信号装置；电铃	
58	电喇叭符号	电喇叭（内部使用该符号）	矩形、直线
59	蜂鸣器符号	蜂鸣器	圆、直线、修剪
60	调光器符号	调光器	圆、直线
61	t	限时设备	矩形、多行文字
62	——	导线、导线组、电线、电缆、电路、传输通路等线路母线符号	直线
63	中性线符号	中性线	圆、直线、图案填充
64	保护线符号	保护线	直线
65	⊗	灯的一般符号	直线、圆

续表

序号	图形符号	说 明	画法使用命令
66	○ A-B C	电杆的一般符号(内部使用该符号)	圆、多行文字
67	11 12 13 14 15	端子板(内部使用该符号)	矩形、多行文字
68	▭	屏、台、箱、柜的一般符号(内部使用该符号)	矩形
69	▭	动力或动力—照明配电箱(内部使用该符号)	矩形、图案填充
70		单项插座的一般符号	圆、直线、修剪
71		密闭(防水)(内部使用该符号)	圆、直线、修剪
72		防爆(内部使用该符号)	圆、直线、修剪、图案填充
73		电信插座的一般符号可用文字和符号加以区别： TP——电话　　TX——电传 TV——电视　　*——扬声器 M——传声器　FM——调频	直线、修剪
74		开关的一般符号	圆、直线
75		钥匙开关	矩形、圆、直线
76		定时开关	矩形、圆、直线
77	▷◁	阀的一般符号	直线

续表

序号	图形符号	说　　明	画法使用命令
78		电磁制动器(内部使用该符号)	矩形、直线
79		按钮的一般符号	圆
80		按钮盒(内部使用该符号)	矩形、圆
81		电话机的一般符号	矩形、圆、修剪
82		传声器的一般符号	圆、直线
83		扬声器的一般符号	矩形、直线
84		天线的一般符号	直线
85		放大器的一般符号 中断器的一般符号,三角形指传输方向	正多边形、直线
86		分线盒一般符号(内部使用该符号)	圆、修剪、直线
87		室内分线盒(内部使用该符号)	圆、修剪、直线
88		室外分线盒(内部使用该符号)	圆、修剪、直线
89		变电站、配电所	圆
90		杆式变电所(内部使用该符号)	圆

续表

序号	图形符号	说　　明	画法使用命令
91		室外箱式变电所(内部使用该符号)	直线、矩形、图案填充
92		自耦变压器式启动器(内部使用该符号)	矩形、圆、直线
93		真空二极管(内部使用该符号)	圆、直线
94	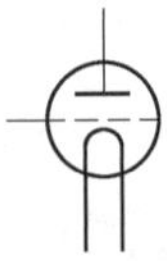	真空三极管(内部使用该符号)	圆、直线
95	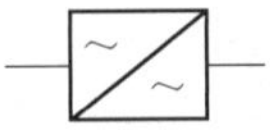	整流器框形符号(内部使用该符号)	矩形、直线

2. 电气设备用图形符号

(1)电气设备用图形符号的用途

电气设备用图形符号主要指用图形符号表示各种类型的电气设备或电气设备部件,使操作人员了解其用途和操作方法。这些符号也可用于安装或移动电气设备的场合,以指出诸如禁止、警告、规定或限制等应注意的事项。

在电气图中,尤其是在某些电气平面图、电气系统说明书用图等图中,也可以适当地使用这些符号,以补充以上文件所包含的内容。

设备用图形符号与电气简图用图形符号的形式大部分是不同的。但一些也是相同的,不过含义大不相同。例如,设备用熔断器图形符号虽然与电气简图用图形符号的形式是一样的,但电气简图用熔断器符号表示的是一类熔断器。而设备用图形符号如果标在设备外壳上,则表示熔断器盒及其位置;如果标在某些电气图上,也仅仅表示这是熔断器的安装位置。

(2)常用设备用图形符号

电气设备用图形符号分为六个部分:通用符号,广播、电视及音响设备符号,通信、测量、定位符号,医用设备符号,电话教育设备符号,家用电器及其他符号见表1-5。

表1-5　常用设备用图形符号

序　号	名　称	图形符号	应　用　范　围
1	直流电	 -----	适用于直流电设备的铭牌上,以及用来表示直流电的端子

续表

序 号	名 称	图形符号	应 用 范 围
2	交流电	~	适用于交流电设备的铭牌上,以及用来表示交流电的端子
3	正极	+	表示使用或产生直流电设备的正端
4	负极	−	表示使用或产生直流电设备的负端
5	电池检测		表示电池测试按钮和表明电池情况的灯或仪表
6	电池定位		表示电池盒本身及电池的极性和位置
7	整流器		表示整流设备及其有关接线端和控制装置
8	变压器		表示电气设备可通过变压器与电力线连接的开关、控制器、连接器或端子,也可用于变压器包封或外壳上
9	熔断器		表示熔断器盒及其位置
10	测试电压		表示该设备能承受 500 V 的测试电压
11	危险电压		表示危险电压引起的危险
12	接地		表示接地端子
13	保护接地		表示在发生故障时防止电击的与外保护导线相连接的端子,或与保护接地相连接端子
14	接机壳、接机架		表示连接机壳、机架的端子
15	输入		表示输入端
16	输出		表示输出端
17	过载保护装置		表示一个设备装有过载保护装置

续表

序号	名称	图形符号	应用范围
18	通		表示已接通电源,必须标在开关的位置
19	断		表示已与电源断开,必须标在开关的位置
20	可变性		量的被控方式,被控量随图形的宽度而增加
21	调到最小		表示量值调到最小值的控制
22	调到最大		表示量值调到最大值的控制
23	灯、照明设备		表示控制照明光源的开关
24	亮度、辉度		表示亮度调节器、电视接收机等设备的亮度、辉度控制
25	对比度		表示电视接受机等的对比度控制
26	色彩饱和度		表示彩色电视机等设备上色彩饱和度控制

三、电气技术中的文字符号和项目代号

一个电气系统或一种电气设备通常都是由各种基本件、部件、组件等组成,为了在电气图上或其他技术文件中表示这些基本件、部件、组件,除了采用各种图形符号外,还须标注一些文字符号和项目代号,以区别这些设备及线路的不同功能、状态和特征等。

1. 文字符号

文字符号通常由基本文字符号、辅助文字符号和数字组成。用于提供电气设备、装置和元器件的种类字母代码和功能字母代码。

(1) 基本文字符号

基本文字符号可分为单字母符号和双字母符号两种。

①单字母符号。单字母符号是用英文字母将各种电气设备、装置和元器件划分为 23 大类,每一大类用一个专用字母符号表示,如"R"表示电阻器类,"Q"表示电力电路的开关器件等,见表 1-6。其中,"I"和"O"易与阿拉伯数字"1"和"0"混淆,不允许使用,字母"J"也未采用。

表 1-6 电气设备常用的单字母符号

符号	项目种类	举例
A	组件、部件	分离元件放大器,磁放大器,激光器,微波激光器,印制电路板等组件、部件

续表

符号	项目种类	举例
B	变换器(从非电量到电量或相反)	热电传感器、热电偶
C	电容器	—
D	二进制单元、延迟器件、存储器件	数字集成电路和器件、延迟线、双稳态元件、单稳态元件、磁芯储存器、寄存器、磁带记录机
E	杂项	照明灯、发热器件、本表其他地方未提及的元件
F	保护器件	熔断器、过电压放电器件、避雷器
G	发电机、电源	旋转发电机、旋转式或固定式变频机、蓄电池、振荡器、石英晶体振荡器
H	信号器件	光指示器、声响指示器
K	继电器、接触器	瞬时接触继电器、交流继电器
L	电感器、电抗器	感应线圈、线路陷波器、电抗器
M	电动机	同步电动机、可作发电机或电动机用的电机
N	模拟元件	运算放大器、混合模拟/数字器件
P	测量设备、试验设备	指示器件,记录器件,计算、测量件信号发生器,时钟
Q	电力电路开关	断路器、隔离开关
R	电阻器	变电阻、电位器、热敏电阻器
S	控制、记忆、信号电路的开关器件选择器	控制开关、按钮开关、选择开关、拨号接触器、连接级
T	变压器	电压互感器、电流互感器
U	调制器、变换器	鉴频器、解调器、变频器、编码器、逆变器、电报译码器
V	电子管、晶体管	电子管、气体放电管、晶体管、晶闸管、二极管
W	传输通道、波导、天线	导线、电缆、母线、波导、波导定向耦合器、偶极天线、抛物天线
X	端子、插头、插座	插头和插座、测试塞空、端子板、焊接端子、连接片、电缆封端和接头
Y	电气操作的机械器件	电磁制动器、电磁离合器、气阀
Z	终端设备、混合变压器、滤波器、均衡器、限幅器	电缆平衡网络、压缩扩展器、晶体滤波器、网络

②双字母符号。双字母符号是由表1-7中的一个表示种类的单字母符号与另一个字母组成,其组合形式为:单字母符号在前,另一个字母在后。双字母符号可以较详细和更具体地表达电气设备、装置和元器件的名称。双字母符号中的另一个字母通常选用该类设备、装置和元器件的英文名词的首位字母,常用缩略语,或约定俗成的习惯用字母。例如,"G"为同步发电机的英文名,则同步发电机的双字母符号为"GS"。

电气图中常用的双字母符号见表1-7。

表1-7 电气图中常用的双字母符号

序号	设备、装置和元器件种类	名 称	单字母符号	双字母符号
1	组件和部件	天线放大器	A	AA
		控制屏		AC
		晶体管放大器		AD
		应急配电箱		AE
		电子管放大器		AV
		磁放大器		AM
		印制电路板		AP
		抽屉柜		AS
		稳压器		AS
2	电量到电量变换器或电量到非电量变换器	变换器	B	—
		扬声器		—
		压力变换器		BP
		位置变换器		BQ
		速度变换器		BV
		旋转变换器(测速发电机)		BR
		温度变换器		BT
3	电容器	电容器	C	—
		电力电容器		CP
4	其他元器件	本表其他地方未规定器件	E	—
		发热器件		EH
		发光器件		EL
		空气调节器		EV
5	保护器件	避雷器	F	FL
		放电器		FD
		具有瞬时动作的限流保护器件		FA
		具有延时动作的限流保护器件		FR
		具有瞬时和延时动作的限流保护器件		FS
		熔断器		FU
		限压保护器件		FV

续表

序号	设备、装置和元器件种类	名称	单字母符号	双字母符号
6	信号发生器 发电机电源	发电机	G	—
		同步发电机		GS
		异步发电机		GA
		蓄电池		GB
		直流发电机		GD
		交流发电机		GA
		永磁发电机		GM
		水轮发电机		GH
		汽轮发电机		GT
		风力发电机		GW
		信号发生器		GS
7	信号器件	声响指示器	H	HA
		光指示器		HL
		指示灯		HL
		蜂鸣器		HZ
		电铃		HE
8	继电器和接触器	继电器	K	—
		电压继电器		KV
		电流继电器		KA
		时间继电器		KT
		频率继电器		KF
		压力继电器		KP
		控制继电器		KC
		信号继电器		KS
		接地继电器		KE
		接触器		KM
9	电感器和电抗器	扼流线圈	L	LC
		励磁线圈		LE
		消弧线圈		LP
		陷波器		LT

续表

序号	设备、装置和元器件种类	名称	单字母符号	双字母符号
10	电动机	电动机	M	
		直流电动机		MD
		力矩电动机		MT
		交流电动机		MA
		同步电动机		MS
		绕线转子异步电动机		MM
		伺服电动机		MV
11	测量设备和试验设备	电流表	P	PA
		电压表		PV
		(脉冲)计数器		PC
		频率表		PF
		电能表		PJ
		温度计		PH
		电钟		PT
		功率表		PW
12	电力电路的开关器件	断路器	Q	QF
		隔离开关		QS
		负荷开关		QL
		自动开关		QA
		转换开关		QC
		刀开关		QK
		转换(组合)开关		QT
13	电阻器	电阻器、变阻器	R	
		附加电阻器		RA
		制动电阻器		RB
		频敏变阻器		RF
		压敏电阻器		RV
		热敏电阻器		RT
		起动电阻器(分流器)		RS
		光敏电阻器		RL
		电位器		RP

续表

序号	设备、装置和元器件种类	名称	单字母符号	双字母符号
14	控制电路的开关选择器	控制开关	S	SA
		选择开关		SA
		按钮开关		SB
		终点开关		SE
		限位开关		SL
		微动开关		SS
		接近开关		SP
		行程开关		ST
		压力传感器		SP
		温度传感器		ST
		位置传感器		SQ
		电压表转换开关		SV
15	变压器	变压器	T	—
		自耦变压器		TA
		电流互感器		TA
		控制电路电源用变压器		TC
		电炉变压器		TF
		电压互感器		TV
		电力变压器		TM
		整流变压器		TR
16	调制变换器	整流器	U	—
		解调器		UD
		频率变换器		UF
		逆变器		UV
		调制器		UM
		混频器		UM
17	电子管、晶体管	控制电路用电源的整流器	V	VC
		二极管		VD
		电子管		VE
		发光二极管		VL

续表

序号	设备、装置和元器件种类	名称	单字母符号	双字母符号
17	电子管、晶体管	光敏二极管	V	VP
		晶体管		VR
		晶体三极管		VT
		稳压二极管		VV
18	传输通道、波导和天线	导线、电缆	W	—
		电枢绕组		WA
		定子绕组		WC
		转子绕组		WE
		励磁绕组		WR
		控制绕组		WS
19	端子、插头、插座	输出口	X	XA
		连接片		XB
		分支器		XC
		插头		XP
		插座		XS
		端子板		XT
20	电器操作的机械器件	电磁铁	Y	YA
		电磁制动器		YB
		电磁离合器		YC
		防火阀		YF
		电磁吸盘		YH
		电动阀		YM
		电磁阀		YV
		牵引电磁铁		YT
21	终端设备、滤波器、均衡器、限幅器	衰减器	Z	ZA
		定向耦合器		ZD
		滤波器		ZF
		终端负载		ZL
		均衡器		ZQ
		分配器		ZS

(2)辅助文字符号

辅助文字符号是用来表示电气设备、装置和元器件以及线路的功能、状态和特征的。如"ACC"表示加速,"BRK"表示制动等。辅助文字符号也可以放在表示种类的单字母符号后边组成双字母符号,例如"SP"表示压力传感器。当辅助文字符号由两个以上字母组成时,为简化文字符号,只允许采用第一位字母进行组合,如"MS"表示同步电动机。辅助文字符号还可以单独使用,如"OFF"表示断开,"DC"表示直流等。辅助文字符号一般不能超过三位字母。

电气图中常用的辅助文字符号见表1-8。

表1-8 电气图中常用的辅助文字符号

序号	名称	符号	序号	名称	符号
1	电流,模拟	A	29	低,左,限制	L
2	交流	AC	30	闭锁	LA
3	自动	AUT	31	主,中,中间线,手动	M
4	加速	ACC	32	手动	MAN
5	附加	ADD	33	中性线	N
6	可调	ADJ	34	断开	OFF
7	辅助	AUX	35	闭合	ON
8	异步	ASY	36	输出	OUT
9	制动	BRK	37	保护	P
10	黑	BK	38	保护接地	PE
11	蓝	BL	39	保护接地与中性线共用	PEN
12	向后	BW	40	不接地保护	PU
13	控制	C	41	反,右,记录	R
14	顺时针	CW	42	红	RD
15	逆时针	CCW	43	复位	RST
16	降、延时、数控、差动	D	44	备用	RES
17	直流	DC	45	运转	RUN
18	减	DEC	46	信号	S
19	接地	E	47	起动	ST
20	紧急	EM	48	置位,定位	SET
21	快速	F	49	饱和	SAT
22	反馈	FB	50	步进	STE
23	正,向前	FW	51	停止	STP
24	绿	GN	52	同步	SYN
25	高	H	53	温度,时间	T
26	输入	IN	54	真空,速度,电压	V
27	增	INC	55	白	WH
28	感应	IND	56	黄	YE

（3）文字符号的组合

文字符号的组合形式一般为：基本符号＋辅助符号＋数字序号。例如，第一台电动机，其文字符号为 M1；第一个接触器，其文字符号为 KM1。

（4）特殊用途文字符号

在电气图中，一些特殊用途的接线端子、导线等通常采用一些专用的文字符号。例如，三相交流系统电源分别用"L1、L2、L3"表示，三相交流系统的设备分别用"U、V、W"表示。

2. 项目代号

项目代号是用于识别图、图表、表格和设备上的项目种类，并提供项目的层次关系、实际位置等信息的一种特定的代码。每个表示元件或其组成部分的符号都必须标注其项目代号。在不同的图、图表、表格、说明书中的项目和设备中的该项目均可通过项目代号相互联系。

完整的项目代号包括四个相关信息的代号段。每个代号段都用特定的前缀符号加以区别。完整项目代号的组成见表1-9。

表1-9 完整项目代号的组成

代号段	名 称	定 义	前缀符号	示例
第1段	高层代号	系统或设备中任何较高层次（对给予代号的项目而言）项目的代号	＝	＝S2
第2段	位置代号	项目在组件、设备、系统或建筑物中的实际位置的代号	＋	＋C15
第3段	种类代号	主要用以识别项目种类的代号	－	－G6
第4段	端子代号	用以外电路进行电气连接的电器导电件的代号	：	：11

（1）高层代号的构成

一个完整的系统或成套设备中任何较高层次项目的代号，称为高层代号。例如，S1系统中的开关Q2，可表示为"＝S1－Q2"，其中"S1"为高层代号。X系统中的第2个子系统中第3个电动机，可表示为"＝2－M3"，简化为"＝X1－M2"。

（2）种类代号的构成

用以识别项目种类的代码，称为种类代号。通常，在绘制电路图或逻辑图等电气图时就要确定项目的种类代号。确定项目的种类代号的方法有三种。

第1种方法也是最常用的方法，是由字母代码和图中每个项目规定的数字组成。按这种方法选用的种类代码还可补充一个后缀，即代表特征动作或作用的字母代码，称为功能代号。可在图上或其他文件中说明该字母代码及其表示的含义。例如，－K2M 表示具有功能为 M 的序号为 2 的继电器。一般情况下，不必增加功能代号。如需增加，为了避免混淆，位于复合项目种类代号中间的前缀符号不可省略。

第2种方法是仅用数字序号表示。给每个项目规定一个数字序号，将这些数字序号和它代表的项目排列成表放在图中或附在另外的说明中。例如，－2、－6 等。

第3种方法是仅用数字组。按不同种类的项目分组编号。将这些编号和它代表的项目排列成表置于图中或附图后。例如，在具有多种继电器的图中，时间继电器用 11、12、13 等表示。

（3）位置代号的构成

项目在组件、设备、系统或建筑物中的实际位置的代号，称为位置代号。通常位置代号由自行规定的拉丁字母或数字组成。在使用位置代号时，应给出表示该项目位置的示意图。

(4)端子代号的构成

端子代号是完整的项目代号的一部分。当项目具有接线端子标记时,端子代号必须与项目上端子的标记相一致。端子代号通常采用数字或大写字母,特殊情况下也可用小写字母表示。例如-Q3:B,表示隔离开关 Q3 的 B 端子。

(5)项目代号的组合

项目代号由代号段组成。一个项目可以由一个代号段组成,也可以由几个代号段组成。通常项目代号可由高层代号和种类代号进行组合,设备中的任一项目均可用高层代号和种类代号组成一个项目代号,例如"=2-G3";也可由位置代号和种类代号进行组合,例如"+5-G2";还可先将高层代号和种类代号组合,用以识别项目,再加上位置代号,提供项目的实际安装位置,例如"=P1-Q2+C5S6M10",表示 P1 系统中的开关 Q2,位置在 C5 室 S6 列控制柜 M10 中。

四、AutoCAD 2019 工作空间的选择

安装完成 AutoCAD 2019 软件后,先要设置工作空间。

中文版 AutoCAD 2019 提供了"草图与注释""三维建模""三维基础"三种工作空间模式。

要在三种工作空间模式中进行切换,只需要单击右下角 ⚙ 按钮,在弹出的菜单中选择"草图与注释"菜单命令,或在工具栏中单击下拉按钮,选择"工作空间"命令,如图 1-8 所示。

图 1-8　工作空间设置

(1)草图与注释空间

默认状态下,打开"草图与注释"空间,其界面主要由"菜单浏览器"按钮、"功能区"选项板、快速访问工具栏、文本窗口与命令行、状态栏等元素组成。在该空间中,可以使用"绘图""修改""图层""注释""块""特性"等面板方便地绘制二维图形,如图 1-9 所示。

(2)三维建模空间

使用"三维建模"空间,可以更加方便地在三维空间中绘制图形。在"功能区"选项板中集成了"建模""绘图""实体编辑""修改""截面""坐标""视图"等面板,从而为创建三维实体模型作提供了非常便利的环境,如图 1-10 所示。

项目一 电气工程识图与制图基础认知

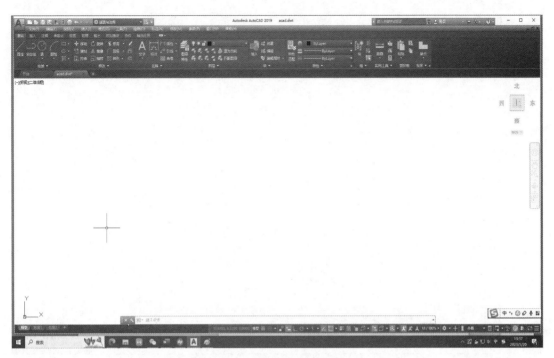

图 1-9 二维草图与注释空间

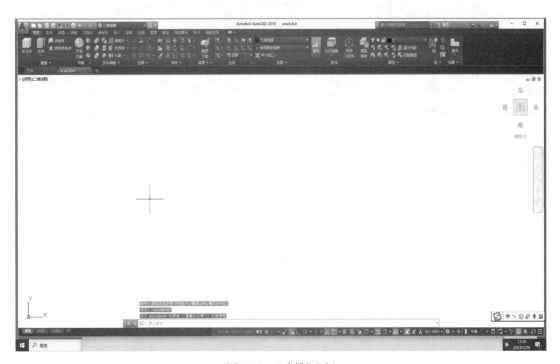

图 1-10 "建模"空间

(3)"三维基础"工作空间

三维基础可以进行简单的三维操作,如拉伸、放样等,如图 1-11 所示。

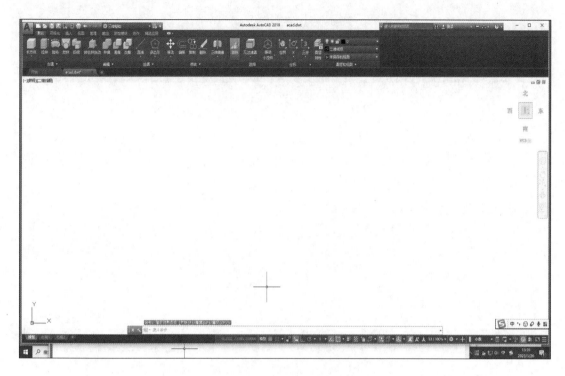

图 1-11　AutoCAD 经典空间

五、文字与表格

文字对象是 AutoCAD 图形中很重要的元素之一,是机械制图和工程制图中不可缺少的组成部分。在一个完整的图样中,通常都包含一些文字注释来标注图样中的一些非图形信息。例如,机械工程图中的技术要求、装配说明,以及工程制图中的材料说明、施工要求等。另外,在 AutoCAD 2019 中,使用表格功能可以创建不同类型的表格,还可以在其他软件中复制表格,以简化制图操作。

1. 文字样式的设置

在输入文字之前,首先要设置文字样式。文字样式包括字体、字高、宽度比例、倾斜比例、倾斜角度以及反向、颠倒、垂直、对齐等内容。

(1) 创建文字样式

启用"文字样式"命令有三种方法(草图与注释工作空间):

◇ 选择"格式"→"文字样式"菜单命令。

◇ 单击"注释"工具栏下拉菜单中的"文字样式管理器"按钮 。

◇ 输入命令:STYLE。

启用"文字样式"命令后,系统弹出"文字样式"对话框,如图 1-12 所示。

在"文字样式"对话框中,各选项组的意义如下:

① "按钮区"选项组。在"文字样式"对话框的右侧和下方有若干按钮,通过它们可对文字样式进行最基本的管理操作。

 :将在"样式"列表中选择的文字样式设置为当前文字样式。

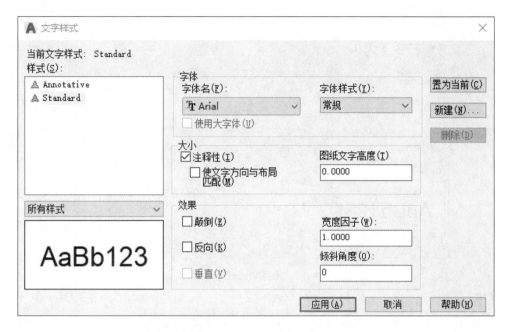

图 1-12 "文字样式"对话框

新建(N)：这个按钮是用来创建新字体样式的。单击该按钮，弹出"新建文字样式"对话框，如图 1-13 所示。在该对话框的编辑框中输入用户所需要的样式名，单击 确定 按钮，返回到"新建文字样式"对话框，在对话框中对新命名的文字进行设置。

图 1-13 "新建文字样式"对话框

删除(D)：这个按钮可用来删除在"样式"列表区选择的文字样式，但不能删除当前文字样式，以及已经用于图形中文字的样式。

应用(A)：在修改了文字样式的某些参数后，该按钮变为有效。单击该按钮，可使设置生效，并将所选文字样式设置为当前文字样式。此时 取消 按钮将变为 关闭(C) 按钮。

②"字体设置"选项组。这个设置区可用来设置文字样式的字体类型及大小。

SHX 字体(X) 下拉列表：通过该选项可以选择文字样式的字体类型。若 ☑使用大字体(U) 复选框被选中，则只能选择扩展名为". shx"的字体文件。

大字体(B) 下拉列表：可选为亚洲语言设计的大字体文件，例如，gbcbig. shx 代表简体中文字体，chineseset. shx 代表繁体中文字体，bigfont. shx 代表日文字体等。

□使用大字体(U) 复选框：如果取消该复选框，"shx 字体"下拉列表将变为"字体名"下拉列表，此时可以在其下拉列表中选择". shx"字体或"TrueType 字体"（字体名称前有"T"标志），如宋体、仿宋体等各种汉字字体，如图 1-14 所示。

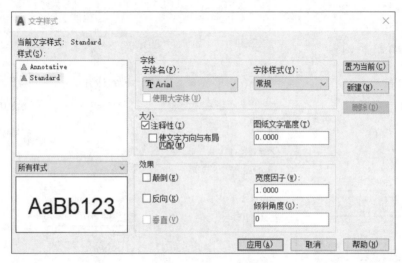

图 1-14 选择"TrueType"字体

小贴士

在"字体名"下拉列表中选择"TrueType 字体",☐使用大字体(U) 复选框将变为无效,而后面的"字体样式"下拉列表将变为有效,利用该下拉列表可设置字体的样式(常规、粗体、斜体等,该设置只对英文字体有效,并且字体不同,字体样式下拉列表的内容也不同)。

③"大小"设置选项组。

高度(T)编辑框:设置文字样式的默认高度,其默认值为0。如果该数值为0,均需在创建单行文字时,通过命令提示设置文字高度;而在创建多行文字或作为标注的文本样式时,文字的默认高度均被设置为2.5,用户可以根据情况进行修改。如果该数值不为0,无论是创建单行、多行文字,还是作为标注文本样式,该数值都将被作为文字的默认高度。

☑注释性(I)复选框:如果选中该复选框,表示使用此文字样式创建的文字支持使用注释比例,此时"高度"编辑框将变为"图纸文字高度"编辑框,如图 1-15 所示。

图 1-15 "注释性"复选框的意义

④"效果"设置选项组。"效果"设置选项组可用来设置文字样式的外观效果,如图 1-16 所示。

☐颠倒(E):颠倒显示字符,也就是通常所说的"大头向下"。

☐反向(K):反向显示字符。

☐垂直(V):字体垂直书写,该选项只有在选择".shx"字体时才可使用。

宽度因子(W):在不改变字符高度情况下,控制字符的宽度。宽度比例小于1时,字的宽度被压缩,此时可制作瘦高字;宽度比例大于1时,字的宽度被扩展,此时可制作扁平字。

倾斜角度(O):控制文字的倾斜角度,用来制作斜体字。

> **小贴士**
> 设置文字倾斜角 α 的取值范围是：$-85° \leq \alpha \leq 85°$。

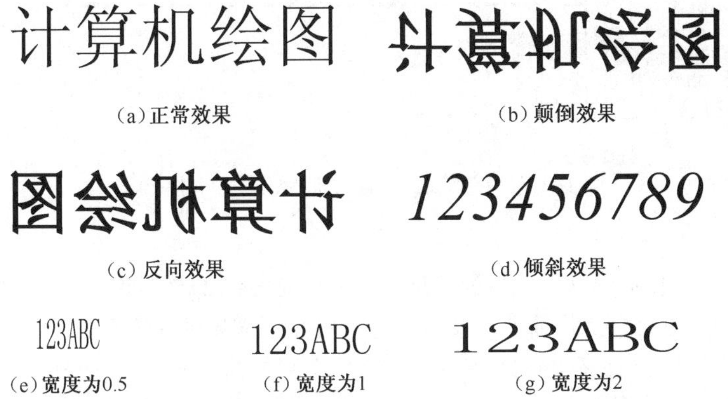

计算机绘图　　　图绘机算计
　(a) 正常效果　　　　　(b) 颠倒效果

图绘机算计　　*123456789*
　(c) 反向效果　　　　　(d) 倾斜效果

123ABC　　123ABC　　1 2 3 A B C
(e) 宽度为 0.5　　(f) 宽度为 1　　(g) 宽度为 2

图 1-16　各种文字的效果

⑤ "预览"显示区。在"预览"显示区，随着字体的改变和效果的修改，动态显示文字样例如图 1-17 所示。

（2）选择文字样式

在图形文件中输入文字的样式是根据当前使用的文字样式决定的。将某一个文字样式设置为当前文字样式有两种方法：

① 使用"文字样式"对话框。打开"文字样式"对话框，在"样式"的下拉列表中选择要使用的文字样式，单击 关闭 按钮，关闭对话框，完成文字样式的设置，如图 1-18 所示。

图 1-17　"预览"显示

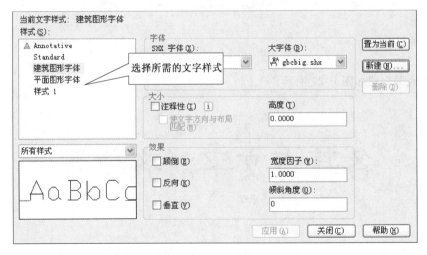

图 1-18　使用"文字样式"对话框设置文字样式

② 使用"样式"工具栏。在"样式"工具栏中的"文字样式管理器"选项的下拉列表中选择需要的文字样式即可，如图 1-19 所示。

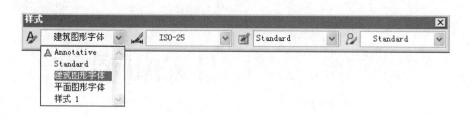

图 1-19　在"样式"工具栏选择需要的文字样式

(3) 单行文字

添加到图形中的文字可以表达各种信息。它可以是复杂的规格说明、标题块信息、标签文字或图形的组成部分,也可以是最简单的文本信息。对于不需要使用多种字体的简短内容,可使用"TEXT"或"DTEXT"命令创建单行文字。采用单行文字标注方式可以为图形标注一行或几行文字,而每行文字都是一个独立的对象,读者可以对其重新定位、调整格式或进行其他修改。

①创建单行文字。调用"单行文字"命令有三种方法:

◇ 选择"注释"→"文字"→"单行文字"菜单命令。

◇ 输入命令:TEXT 或 DTEXT。

◇ 单击"注释"工具栏中的 A 下拉菜单,单击单行文字。

"指定文字的起点":该选项为默认选项,用于输入或拾取注写文字的起点位置。

"对正(J)":该选项用于确定文本的对齐方式。在 AutoCAD 系统中,确定文本位置采用四条线,即顶线、中线、基线和底线,如图 1-20 所示。

图 1-20　文本排列位置的基准线

各项基点的位置如图 1-21 所示。

图 1-21　各项基点的位置

②输入特殊字符。创建单行文字时,用户还可以在文字中输入特殊字符,例如直径符号 Φ、百分号%、正负公差符号"±"、文字的上画线、下画线等,但是这些特殊符号一般不能由标注键盘直接输入,为此系统提供了专用的代码。每个代码是由"%%"与一个字符所组成,如%%C、%%D、%%P 等。表 1-10 为用户提供了特殊字符的代码。

表1-10 特殊字符的代码

输入代码	对应字符	输入效果
%%O	上画线	文字说明
%%U	下画线	文字说明
%%D	度数符号"°"	90°
%%P	公差符号"±"	±100
%%C	圆直径标注符号"Φ"	φ80
%%%	百分号"%"	98%
\U+2220	角度符号"∠"	∠A
\U+2248	几乎相等"≈"	X≈A
\U+2260	不相等"≠"	A≠B
\U+00B2	上标2	X^2
\U+2082	下标2	X_2

(4) 多行文字

当需要标注的文字内容较长、较复杂时,可以使用"MTEXT"命令进行多行文字标注。多行文字又称段落文字,它是由任意数目的文字行或段落所组成的。与单行文字不同的是,在一个多行文字编辑任务中创建的所有文字行或段落将被视为同一个多行文字对象,读者可以对其进行整体选择、移动、旋转、删除、复制、镜像、拉伸或比例缩放等操作。另外,与单行文字相比较,多行文字还具有更多的编辑选项,如对文字加粗、增加下画线、改变字体颜色等。

①创建多行文字。调用"多行文字"命令有三种方法:

◇ 选择"绘图"→"文字"→"多行文字"菜单命令。

◇ 单击"注释"工具栏中的 A文字 下拉菜单,单击多行文字。

◇ 输入命令:MTEXT。

启动"多行文字"命令后,光标变为图1-22所示的形式,在绘图窗口中,单击指定一点并向下方拖动鼠标绘制出一个矩形框,如图1-23所示。绘图区内出现的矩形框用于指定多行文字的输入位置与大小,其箭头用于指示文字书写的方向。

图 1-22　光标形状　　　　　　　　　图 1-23　拖动鼠标过程

拖动鼠标到适当位置后单击,弹出"在位文字编辑器",它包括一个顶部带标尺的"文字输入"框和"文字格式"工具栏,如图 1-24 所示。

在"文字输入"框输入需要的文字,当文字达到定义边框的边界时会自动换行排列,如图 1-25(a)所示。输入完成后,单击确定按钮,此时文字显示在用户指定的位置,如图 1-25(b)所示。

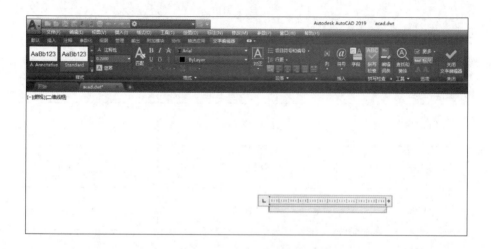

图 1-24　在位文字编辑器

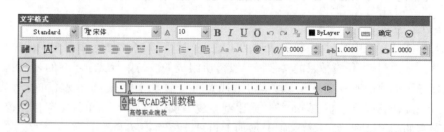

(a) 输入文字

(b) 图形文字显示

图 1-25　文字输入

②使用文字格式工具栏。用户要编辑文字,一定要清楚工具栏中各种参数的意义。

"文字格式"工具栏可用于控制多行文字对象的文字样式和选定文字的字符格式。

"样式"下拉列表框:单击"样式"下拉列表框右侧的▼按钮,弹出其下拉列表,从中即可选择多行文字对象应用文字样式。

"字体"下拉列表框:单击"字体"下拉列表框右侧的▼按钮,弹出其下拉列表,从中即可为新输入的文字指定字体或改变选定文字的字体。

"字体高度"下拉列表框:单击"字体高度"下拉列表框右侧的▼按钮,弹出其下拉列表,从中即可按图形单位设置新文字的字符高度或修改选定文字的高度。

"粗体"按钮 **B** :若用户所选的字体支持粗体,则单击此按钮,为新建文字或选定文字打开或关闭粗体格式。

"斜体"按钮 *I* :若用户所选的字体支持斜体,则单击此按钮,为新建文字或选定文字打开或关闭斜体格式。

"下画线"按钮 U :单击"下画线"按钮 U 为新建文字或选定文字打开和关闭下画线。

"放弃"按钮 与"重做"按钮 :用于在"在位文字编辑器"中执行放弃或重做操作。

"堆叠"按钮 :用于创建堆叠文字(选定文字中包含堆叠字符:插入符"^"、正向斜杠"/"和磅符号"#"时),堆叠字符左侧的文字将堆叠在字符右侧的文字之上。如果选定堆叠文字,单击"堆叠"按钮 ,则取消堆叠。

"文字颜色"下拉列表框:用于为新输入的文字指定颜色或修改选定文字的颜色。

"标尺"按钮 :用于在编辑器顶部显示或隐藏标尺。拖动标尺末尾的箭头可更改多行文字对象的宽度。

"左对齐"按钮 :用于设置文字边界左对齐。

"居中对齐"按钮 :用于设置文字边界居中对齐。

"右对齐"按钮 :用于设置文字边界右对齐。

"对正"按钮 :用于设置文字对正。

"分布"按钮 :用于设置文字均匀分布。

"底部"按钮 :用于设置文字边界底部对齐。

"编号"按钮 :用于使用编号创建带有句点的列表。

"项目符号"按钮 :用于使用项目符号创建列表。

"插入字段"按钮 :单击"插入字段"按钮,弹出"字段"对话框。从中可以选择要插入到文字中的字段。关闭该对话框后,字段的当前值将显示在文字中。

"大写"按钮 :用于将选定文字更改为大写。

"小写"按钮 :用于将选定文字更改为小写。

"上画线"按钮 :用于将直线放置到选定文字上。

"符号"按钮 :用于在光标位置插入符号或不间断空格,单击 按钮,弹出图 1-26 所示"字段"下拉列表,选择最下面 选项,弹出图 1-27 所示"字符映射表"对话框,可选择所需要的符号。

"倾斜角度"列表框 :用于确定文字是向右倾斜还是向左倾斜。倾斜角度表示的是相对于 90°角方向的偏移角度。输入一个 -85°到 85°之间的数值使文字倾斜。

图1-26 "字段"下拉列表

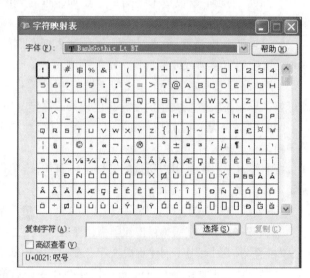

图1-27 "字符映射表"对话框

"追踪"列表框:用于增大或减小选定字符之间的空间。默认值为1.0,是常规间距。设置值大于1.0可以增大该宽度,反之减小该宽度。

"宽度比例"列表框:用于扩展或收缩选定字符。默认值为1.0,是字体中字母的常规宽度。设置值大于1.0可以增大该宽度,反之减小该宽度。

(5) 文字修改

① 双击编辑文字。无论是单行文字还是多行文字,均可直接通过双击来编辑,此时实际上是执行了 DDEDIT 命令,该命令的特点如下:

a. 编辑单行文字时,文字全部被选中,因此,如果此时直接输入文字,则文本原内容均被替换,如图1-28 所示。如果希望修改文本内容,可首先在文本框中单击。如果希望退出单行文字编辑状态,可在其他位置单击或按【Enter】键。

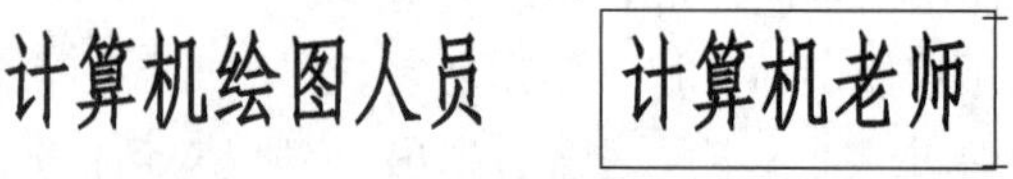

计算机绘图人员　计算机老师

图1-28 编辑单行文字

b. 编辑多行文字时,将打开"文字格式"工具栏和文本框,这和输入多行文字完全相同。

c. 退出当前文字编辑状态后,可单击编辑其他单行或多行文字。

d. 如果希望结束编辑命令,可在退出文字编辑状态后按【Enter】键。

② 修改文字特性。要修改单行文字的特性,可在选中文字后单击"标准"工具栏中的"对象特性"按钮打开单行文字的"特性"面板。利用该面板可修改文字的内容、样式、对正方式、高度、宽度比例、倾斜角度,以及是否颠倒、反向等。

(6) 文字查找检查

在 AutoCAD 2019 中,用户可以快速查找、替换指定的文字,并对其进行拼写检查。下面将具体介绍文字查找与检查的方法。

文字查找、替换。在 AutoCAD 中,用户可以快速查找指定的文字,并可以对查找到的文字进行替换、修改、选择以及缩放等,为此系统提供了"查找"命令。

启用"查找"命令有四种方法:

◇ 选择"编辑"→"查找"菜单命令。

◇ 单击"文字编辑器"→"工具"→"查找和替换"按钮,见图 1-24。

◇ 输入命令:FIND。

◇ 右击,在弹出的快捷菜单中选择"查找"命令。

利用上述任意一种方法启用"查找"命令,弹出"查找和替换"对话框,如图 1-29 所示。

在该对话框中,用户可以进行文字查找、替换、修改、选择以及缩放等操作。

图 1-29 "查找和替换"对话框

在"查找和替换"对话框中,其各个选项与按钮的意义如下:

◇ "查找"文本框:用于输入要查找的文字。

◇ "替换为"文本框:用于输入替换后的文字。

(7) 文字拼写检查

在 AutoCAD 中,用户可以对当前图形的所有文字进行拼写检查,以便查找文字的错误,为此系统提供了"拼写检查"命令。

启用"拼写检查"命令有三种方法:

◇ 选择"工具"→"拼写检查"菜单命令。

◇ 输入命令:SP。

◇ 单击"文字编辑器"→"拼写和检查"→"拼写检查"按钮,见图 1-24。

启用"拼写检查"命令后,即可选择要进行拼写检查的文字,或者在命令行中输入"ALL"选择图形中的所有文字。当图形中没有拼写错误的文字时,弹出"AutoCAD 信息"对话框,如图 1-30 所示,表示完成拼写检查;当 AutoCAD 检查到拼写错误的文字后,弹出"拼写检查"对话框,如图 1-31 所示。

2. 表格应用

利用 AutoCAD 2019 的表格功能,可以方便、快速地绘制图纸所需的表格,如明细表、标题栏等。通过创建图 1-32 所示表格来说明在 AutoCAD 中创建表格的方法。该表格的列宽为 25,表格中字体为宋体,字号为 4.5 号。

图1-30 拼写检查完成

图1-31 "拼写检查"对话框

姓名	学号	数学	语文	英语
宁静	20150301	97	85	90
王源	20150302	86	80	73
庄华	20150303	75	82	91
张玲	20150304	64	62	83
田思源	20150307	31	89	96
小计		353	398	433

图1-32 表格示例

（1）创建和修改表格样式

在绘制表格之前，用户需要启用"表格样式"命令来设置表格的样式，表格样式用于控制表格单元的填充颜色、内容对齐方式、数据格式，表格文本的文字样式、高度、颜色，以及表格边框等。

①启用"表格样式"命令有三种方法：

◇ 选择"格式"→"表格样式"菜单命令。

◇ 单击"注释"工具栏中的"表格样式管理器"按钮 。

◇ 输入命令：TABLESTYLE。

启用"表格样式"命令后，弹出"表格样式"对话框，如图1-33所示。

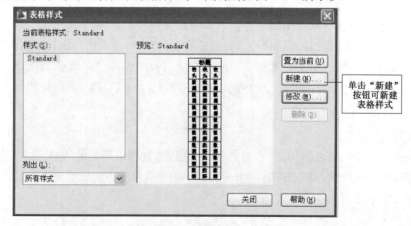

图1-33 "表格样式"对话框

②单击 修改(M)... 按钮,打开图1-34所示"修改表格样式"对话框。打开"特性"设置区中的"对齐"下拉列表,选择"正中"选项,如图1-35所示。

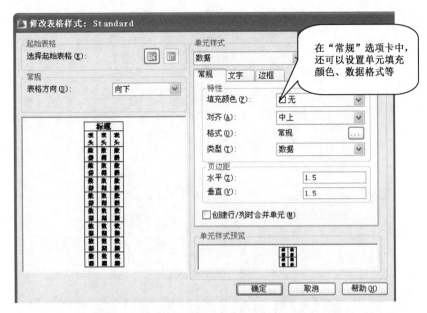

图1-34 "修改表格样式"对话框

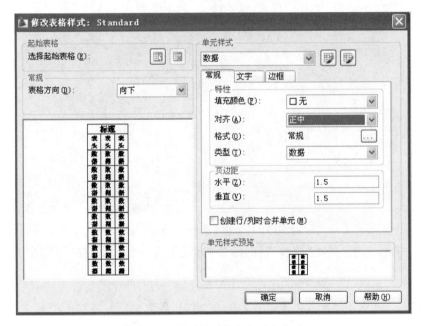

图1-35 设置单元格内容对齐方式

③打开对话框右侧的"文字"选项卡,设置"文字高度"为4.5,如图1-36所示。

④单击"文字样式"下拉列表框右侧的 按钮,打开修改文字样式对话框,取消"使用大字体"复选框,将"字体名"设置为"宋体",如图1-37所示。依次单击 应用(A) 和 关闭(C) 按钮,关闭修改文字样式对话框。

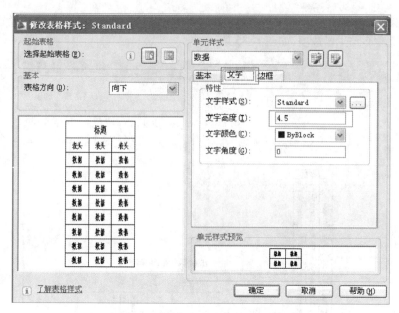

图1-36　设置文字高度

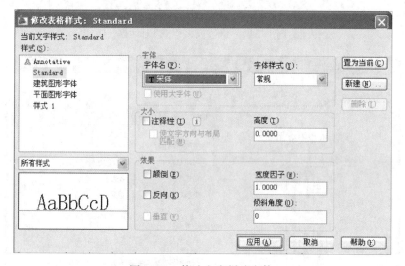

图1-37　修改文字样式字体

⑤单击 [确定] 按钮,关闭"修改表格样式"对话框。单击 [关闭(C)] 按钮,关闭"表格样式"对话框。

> **小贴士**
> 表格中,单元类型被分为三类,即(表格第一行)、表头(表格第二行)和数据,通过表格预览区可看到这一点。默认情况下,在"单元样式"设置区中设置的是数据单元的格式。要设置标题、表头单元的格式,可打开"单元样式"设置区中单元类型下拉列表,然后选择"表头"和"标题"。

(2)创建表格

创建表格时,可设置表格样式,包括表格列数、列宽、行数、行高等。创建结束后系统自动进入表格内容编辑状态,下面一起来看看其具体操作。

①单击"注释"工具栏中的"表格"工具按钮或选择"绘图"→"表格"菜单命令,打开"插入表格"对话框。

②在"列和行设置"区设置表格列数为5,列宽为2.5,行数为5(默认行高为1行);在"设置单元样式"区依次打开"第一行单元样式"和"第二行单元样式"下拉列表,从中选择"数据",将标题行和表头行均设置为"数据"类型(表示表格中不含标题行和表头行),如图1-38所示。

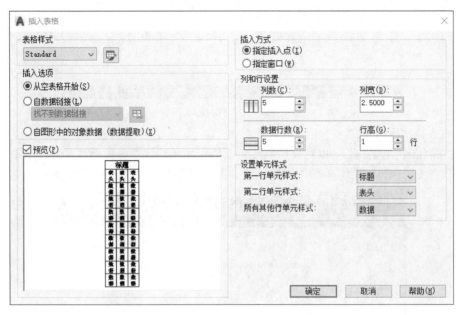

图1-38 设置表格参数

③单击 确定 按钮,关闭"插入表格"对话框。在绘图区域单击,确定表格放置位置,此时打开"文字格式"工具栏,并进入表格内容编辑状态,如图1-39所示。如果表格尺寸较小,无法看到编辑效果时,可首先在表格外空白区单击,暂时退出表格内容编辑状态,然后放大表格显示即可。

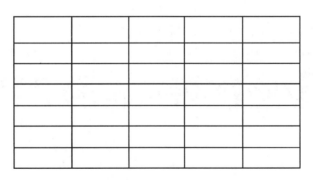

图1-39 在绘图区域单击放置表格

④在表格左上角单元中双击,重新进入表格内容编辑状态,然后输入"姓名"等文本内容,通过【Tab】键切换到同行的下一个单元,通过【Enter】键切换同一列的下一个表单元,或通过【↑】、【↓】、【←】、【→】键在各表单元之间切换,为表格的其他单元输入内容,如图1-40所示,编辑结束后,可在表格外单击或者按【Esc】键退出表格编辑状态。

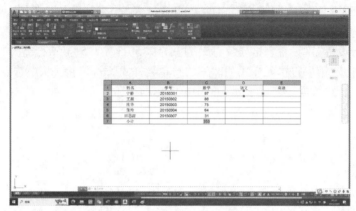

图1-40 表格单元输入内容

(3) 在表格中使用公式

通过在表格中插入公式,可以对表格单元执行求和、求平均值等各种运算。例如,要在图1-41所示表格中,使用求和公式计算表中数学、语文和英语列数值之和,具体操作步骤如下。

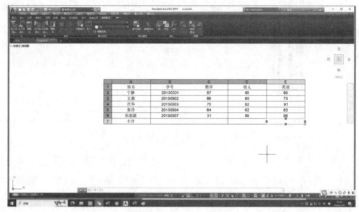

图1-41 表格内容

①单击选中表单元C7,单击"表格"工具栏中的"公式"按钮 f_x,从弹出的公式列表中选择"求和",如图1-42所示。

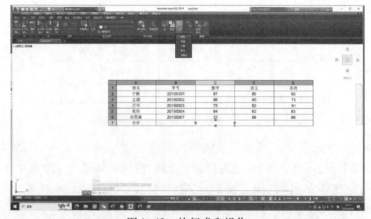

图1-42 执行求和操作

②分别在 C2 和 C6 表单元中单击,确定选取表单元范围的第一个角点和第二个角点,显示并进入公式编辑状态,如图 1-43 和图 1-44 所示。

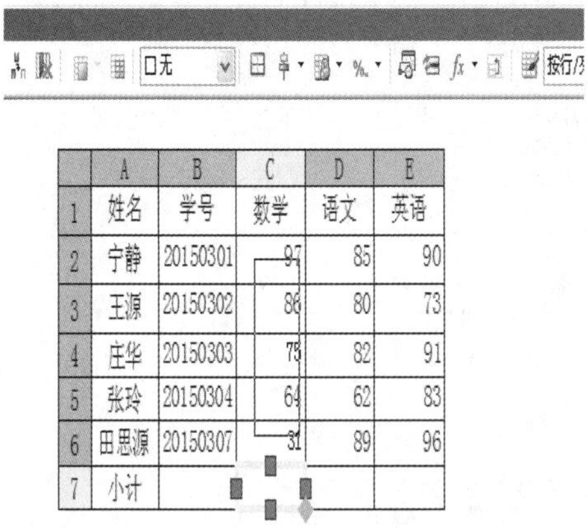

图 1-43　选择要求和的表单元 　　　　图 1-44　进入公式编辑状态

③单击"文字格式"工具栏中的 ▭ 按钮,求和结果如图 1-45 所示。依据类似方法,对其他表单元进行求和。

姓名	学号	数学	语文	英语
宁静	20150301	97	85	90
王源	20150302	86	80	73
庄华	20150303	75	82	91
张玲	20150304	64	62	83
田思源	20150307	31	89	96
小计		353	398	433

图 1-45　显示求和结果

3. 编辑表格

在 AutoCAD 中,用户可以方便地编辑表格内容,合并表单元,以及调整表单元的行高与列宽等。

(1)选择表格与表单元

要调整表格外观,例如,合并表单元,插入或删除行或列,应首先掌握如何选择表格或表单元,具体方法如下:

①要选择整个表格,可直接单击表线,或利用选择窗口选择整个表格。表格被选中后,表格框线将显示为断续线,并显示了一组夹点,如图 1-46 所示。

②要选择一个表单元,可直接在该表单元中单击,此时将在所选表单元四周显示夹点,如图 1-47 所示。

③要选择表单元区域,可首先在表单元区域的左上角表单元中单击,然后向表单元区域的右下角表单元中拖动,释放鼠标后,选择框所包含的或与选择框相交的表单元均被选中,如图 1-48

43

所示。此外，在单击选中表单元区域中某个角点的表单元后，按住【Shift】键，在表单元区域中所选表单元的对角表单元中单击，也可选中表单元区域。

	A	B	C	D	E
1	姓名	学号	数学	语文	英语
2	宁静	20150301	97	85	90
3	王源	20150302	86	80	73
4	庄华	20150303	75	82	91
5	张玲	20150304	64	62	83
6	田思源	20150307	31	89	96
7	小计		353	398	433

图 1-46　选择表格

	A	B	C	D	E
1	姓名	学号	数学	语文	英语
2	宁静	20150301	97	85	90
3	王源	20150302	86	80	73
4	庄华	20150303	75	82	91
5	张玲	20150304	64	62	83
6	田思源	20150307	31	89	96
7	小计		353	398	433

图 1-47　选择表单元

	A	B	C	D	E
1	姓名	学号	数学	语文	英语
2	宁静	20150301	97	85	90
3	王源	20150302	86	80	73
4	庄华	20150303	75	82	91
5	张玲	20150304	64	62	83
6	田思源	20150307	31	89	96
7	小计		353	398	433

图 1-48　选择表单元区域

④要取消表单元选择状态，可按【Esc】键，或者直接在表格外单击。

（2）编辑表格内容

要编辑表格内容，只需要双击表单元进入文字编辑状态即可。要删除表单元中的内容，可首先选中表单元，然后按【Delete】键。

（3）调整表格的行高与列宽

选中表格、表单元或表单元区域后，通过拖动不同夹点可移动表格的位置，或者调整表格的行高与列宽，这些夹点的功能如图 1-49 所示。

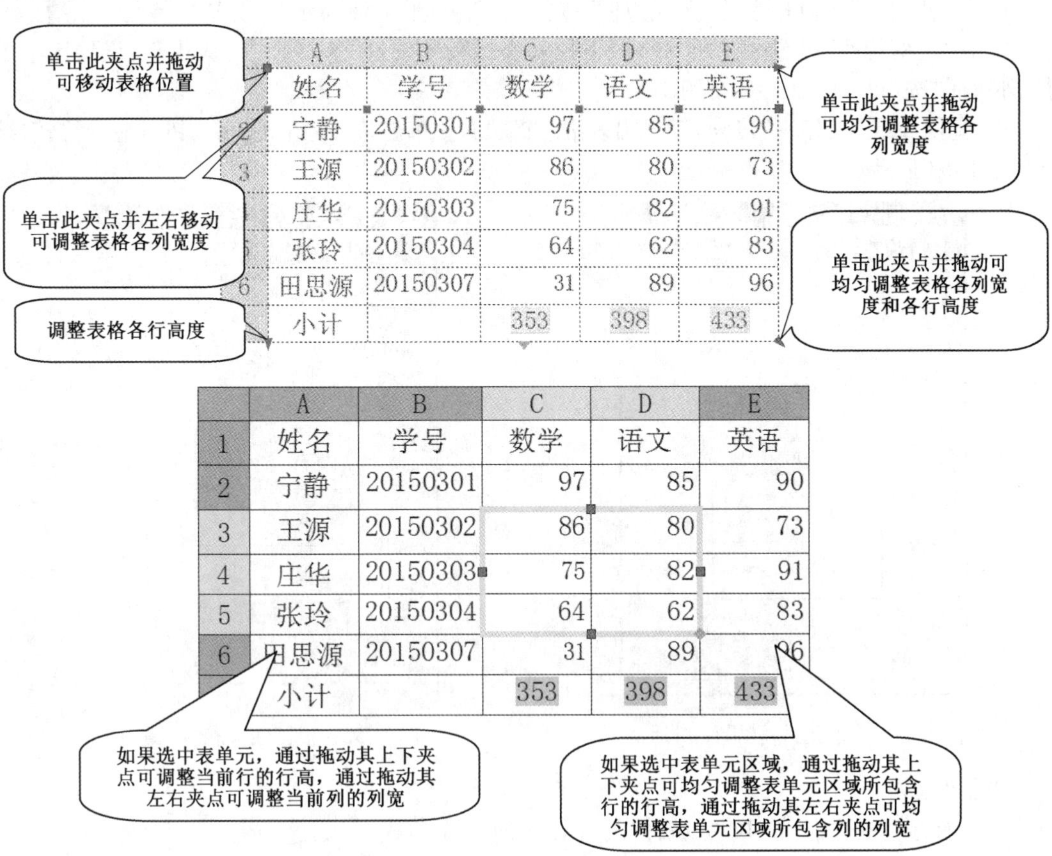

图 1-49　表格各夹点的不同用途

（4）利用"表格"工具栏编辑表格

在选中表单元或表单元区域后，"表格"工具栏被自动打开，通过单击其中的按钮，可对表格进行插入或删除行或列，以及合并单元、取消单元合并、调整单元边框等操作。例如，要调整表格外边框，可执行如下操作：

①表格边框的编辑。

a. 单击选择表格左上角表单元，选中所有表单元，如图 1-50 所示。

图 1-50　选中所有表单元

b. 单击"表格"工具栏中的"单元边框"按钮,打开图 1-51 所示"单元边框特性"对话框。

c. 在"边框特性"设置区打开"线宽"下拉列表,设置"线宽"为 0.3,在"应用于"设置区中单击"外边框"按钮,如图 1-52 所示。

d. 单击 确定 按钮,按【Esc】键退出表格编辑状态。单击状态栏上的 线宽 按钮以显示线宽,结果如图 1-53 所示。

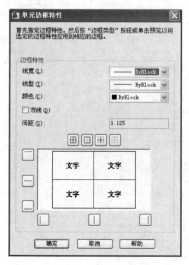

图 1-51 "单元边框特性"对话框

图 1-52 设置线宽和应用范围

② 合并表格。

a. 用鼠标左键选定 A1、B2 区域,修改为图 1-54 所示样式。

姓名	学号	数学	语文	英语
宁静	20150301	97	85	90
王源	20150302	86	80	73
庄华	20150303	75	82	91
张玲	20150304	64	62	83
田思源	20150307	31	89	96
小计		353	398	433

图 1-53 调整表格外边框线宽

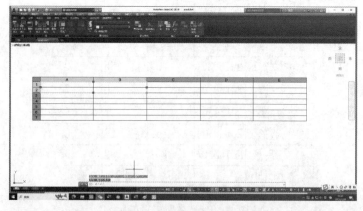

图 1-54 选定要合并的单元格

b. 单击表格工具栏上按钮,选择"合并全部",表格合并完成,如图 1-55 所示。

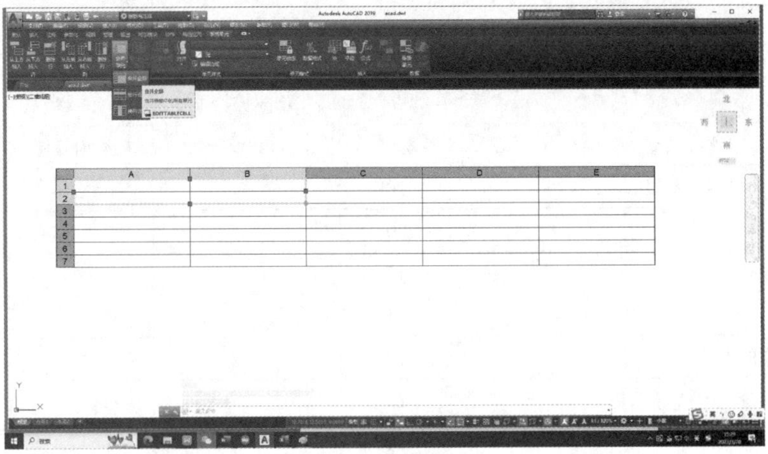

图 1-55 合并过程显示

项目实施

步骤一 创建项目图形文件

打开 AutoCAD 2019 应用程序,选择"从草图开始",以默认公制确定进入绘图窗口,选择 AutoCAD 经典工作空间。系统创建一个默认文件名"Drawing1.dwg"的文件,对该文件进行另存为或保存操作就可以改变文件存储位置和文件名,文件保存时输入"工程图纸"为文件名即可,保存位置为"桌面"按照电气图纸要求,绘制 A4 图幅的图纸。

步骤二 绘制图幅

打开"正交"和"对象捕捉追踪"模式。单击"矩形"命令,左键单击空白处定位,输入数值 297,210(注意要在英文状态下输入),按【Enter】键,如图 1-56 所示。

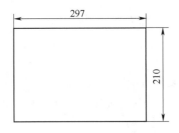

图 1-56 A4 图幅

步骤三 添加文字和注释

单击"绘图"工具栏中的"多行文字"图标,或者在命令行输入 MTEX,在要添加文字的位置上单击确定文字框,弹出的添加文字框。添加文字,如图 1-1 所示。要求文字字体为宋体,段落间隔 1.5,其中"改建铁路、秦沈客运专线防灾安全监控补强工程、(沈阳范围)、施工图、图号:秦沈补强沈山段施变-01"字高为 5.5;"牵引变电设施配套改造施工图"字高为 12;"铁道第三勘察设计院集团有限公司"字高为 6.5。

项目评价

项目一评价表见表 1-11。

表1-11 项目一评价表

项目名称				完成日期	月　　日
班级		小组		姓名	
学号			组长签字		
评价项点		分值	自我评价	组内互评	教师评价
1. 创建"学号+姓名+班级.dwg"文件		10			
2. 准确绘制图框		30			
3. 准确绘制表格		15			
4. 输入文字		15			
5. 对各种操作的理解		10			
6. 任务完成质量		10			
7. 合作精神		10			
总分					
自我总结					
教师评语					

技能练习与提高

1. 电气制图CAD的规范有哪些？
2. 电气制图粗实线的线宽为多少？细实线的线宽为多少？
3. 电气制图的字体、比例是怎样规定的？
4. 电气制图图形符号怎样使用？

项目二 功率放大器电路图的绘制

项目目标

【知识目标】
1. 掌握常用绘图命令和基本编辑命令。
2. 掌握电气元件绘制步骤。
3. 掌握电路原理图的绘制方法。

【能力目标】
1. 会正确识读功率放大电路图样。
2. 会正确使用常用绘图命令和基本编辑命令绘制功率放大电路元器件。
3. 会正确绘制功率放大电路原理图。

【素质目标】
1. 养成严谨的工作作风。
2. 培养爱岗敬业的精神。

项目描述

功率放大电路通常作为多级放大电路的输出级。在很多电子设备中,要求放大电路的输出级能够带动某种负载,例如驱动仪表,使指针偏转;驱动扬声器,使之发声;或驱动自动控制系统中的执行机构等,这样的放大电路统称为功率放大电路。

【项目实施要求】

本项目要求学生通过绘制专业电气工程图,掌握根据具体任务选择合适的图纸图幅,以及绘制表格的方法。

项目实施步骤如下:

①教师布置要完成的项目。

②教师组织实施教学,将学生分成4~6人一个学习小组,以小组的形式组织讨论、查找与项目相关的学习资源、研究学习计划、实施项目教学。

③教师全程关注每一个小组的学习进度,提出指导性意见,培养学生反思的习惯和决断力。

④完成项目后,小组进行总结汇报或实作演示,学生进行自我评分及互相评分,给出各项目学习要点的评定成绩,教师根据对学生测试检查或成果展示情况给出评分。

【项目图示】

功率放大电路图,如图2-1所示。

【项目准备】

①每位同学配备一台计算机。

②每台计算机上均安装 AutoCAD 2019 软件。

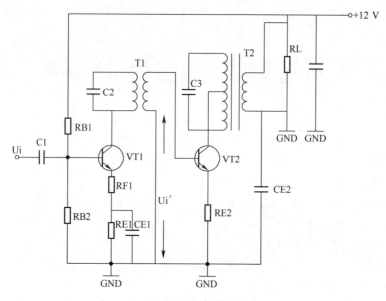

图 2-1　功率放大电路图

相关知识

一、常用绘图命令的使用

1. 绘制点

(1) 设置点样式

点是图样中最基本的元素,在 AutoCAD 2019 中,可以绘制单独点的对象作为绘图的参考点。用户在绘制点时要知道绘制什么样的点和点的大小,因此需要设置点的样式。

设置点的样式操作步骤如下:

①选择"格式"→"点样式"菜单命令,弹出图 2-2 所示的"点样式"对话框。或单击工具栏"实用工具"下拉菜单,单击点样式。

②"点样式"对话框中提供了多种点样式,用户可以根据自己的需要进行选择。点的大小通过在"点大小"文本框内输入数值,可设置点显示大小。

③单击 确定 按钮,点样式设置完毕。

(2) 绘制多点

启用绘制"多点"的命令有三种方法:

◇ 选择"绘图"→"点"→"多点"菜单命令。

◇ 单击"绘图"工具栏下拉菜单中的"多点"按钮。

◇ 输入命令:PO(POINT)。

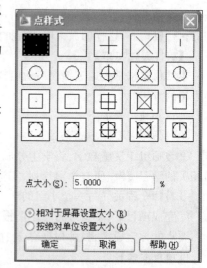

图 2-2　"点样式"对话框

利用以上任意一种方法启用"点"的命令,绘制如图2-3所示的点的图形。

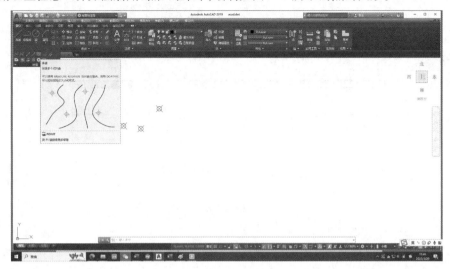

图2-3　点的绘制

(3)绘制等分点

①定数等分点。在AutoCAD 2019软件绘图中,经常需要对直线或一个对象进行定数等分,这个任务就要用点的定数等分来完成。

启用"点的定数等分"命令。选择"绘图"→"点"→"定数等分"菜单命令。在所选择的对象上绘制等分点,如图2-4所示。把直线A、样条曲线B和矩形C分别进行3、5、7等分。

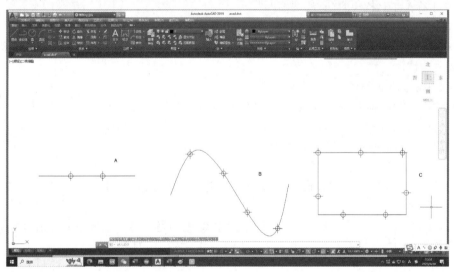

图2-4　绘制定数等分点

小贴士
　　定数等分的对象可以是直线、多段线和样条曲线等,但不能是块、尺寸标注、文本及剖面线等对象。

②定距等分点。定距等分就是在一个图形对象上按指定距离绘制多个点。利用这个功能可以作为绘图的辅助点。

启用点的"定距等分"命令。选择"绘图"→"点"→"定距等分"菜单命令。在所选择的对象上绘制等分点。如图2-5所示,把长度为107的直线按每25一段进行定距等分。

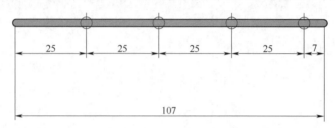

图2-5 绘制定距等分点

小贴士

进行定距等分的对象可以是直线、多段线和样条曲线等,但不能是块、尺寸标注、文本及剖面线等对象。在绘制点时,距离选择对象点处较近的端点作为起始位置。若所分对象的总长不能被指定间距整除,则最后一段为剩下的间距。如图2-5所示的左端最后一段为7。

2. 绘制直线

直线是AutoCAD 2019中最常见的图素之一。

启用"直线"命令有以下三种方法:

◇ 选择"绘图"→"直线"菜单命令。

◇ 单击标准工具栏中的"直线"按钮 。

◇ 输入命令:LINE。

利用以上任意一种方法启用"直线"命令,就可以绘制直线。画直线有多种方法,下面重点介绍以下四种方法。

(1)使用鼠标绘制直线

启用绘制"直线"命令,用鼠标在绘图区域内单击一点作为线段的起点,移动鼠标,在用户想要的位置再单击,作为线段的另一点,这样连续可以画出用户所需的直线,如图2-6所示的三角形图形。

(2)通过输入点的坐标绘制直线

用户输入坐标值时有两种方式:一种是输入绝对直角坐标,另一种是输入绝对极坐标。

图2-6 鼠标绘制直线

①使用绝对坐标确定点的位置来绘制直线。绝对坐标是相对于坐标系原点的坐标,在默认情况下绘图窗口中的坐标系为世界坐标系(WCS)。其输入格式如下:

a. 绝对直角坐标的输入形式是 x, y。x, y 分别是输入点相对于原点的 X 坐标和 Y 坐标。

b. 绝对极坐标的输入形式是 $r<Q$。r 表示输入点与原点的距离,Q 表示输入点到原点的连线与 X 轴正方向的夹角。

【例2.1】 利用直角坐标绘制直线 AB,利用极坐标绘制直线 OC,如图2-7所示。

②使用相对坐标确定点的位置来绘制直线。相对坐标是用户常用的一种坐标形式,其表示方法也有两种:一种是相对直角坐标,另一种相对极坐标。相对坐标是指相对于用户最后输入点的坐标,其输入格式如下:

◇ 相对直角坐标的输入形式是@x,y。特点是在绝对坐标前面加@。

◇ 相对极坐标的输入形式是@$r<Q$。特点是在相对极坐标前面加@。

【例2.2】 用相对坐标绘制如图2-8所示的连续直线 *ABCDE*。

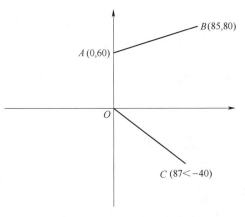

图2-7 绝对坐标绘制直线

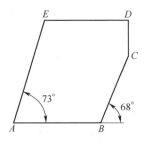

图2-8 相对坐标绘制直线

小贴士

　　使用正交功能绘制水平与垂直线。正交是用来绘制水平与垂直线的一种辅助工具,是AutoCAD中最为常用的工具。如果用户绘制水平与垂直线时,打开状态栏中的正交按钮,这时光标只能沿水平与垂直方向移动。只要移动光标来指示线段的方向,并输入线段的长度值,不用输入坐标值就能绘制出水平与垂直方向的直线段。

（3）使用动态输入功能画直线

当启用动态命令时,将在光标附近显示工具栏提示信息,该信息会随着光标移动而动态更新。启用"动态输入"命令有以下两种方法。

◇ 单击状态栏。

◇ 按键盘上的【F12】键。

【例2.3】 用动态输入命令绘制如图2-9所示的平行四边形。

3. 绘制圆与圆弧

圆与圆弧是工程图样中常见的曲线元素,在AutoCAD 2019中提供了多种绘制圆与圆弧的方法,下面详细介绍绘制圆与圆弧的命令及其操作方法。

（1）绘制圆

"圆"命令有三种启用方法：

◇ 选择"绘图"→"圆"菜单命令。

◇ 单击标准工具栏中的"圆"按钮。

◇ 输入命令：C(Circle)。

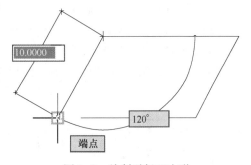

图2-9 绘制平行四边形

①圆心和半径法画圆：AutoCAD 2019中默认的方法是确定圆心和半径画圆。用户在"指定圆的圆心"提示下,输入圆心位置后,直接输入半径,按【Enter】键结束命令。如果输入字母D,输入直径值,按【Enter】键结束命令。

【例2.4】 绘制如图2-10所示半径值为50的圆。

操作步骤如下:

◇ 启用绘制圆的命令⊙,在绘图窗口中指定圆心位置。

◇ 输入半径值50,按【Enter】键。

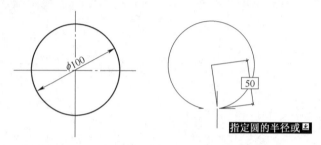

图2-10 圆心半径画圆

②三点法画圆(3P)。选择"三点"选项,通过指定的三个点绘制圆。

【例2.5】 如图2-11所示,通过指定的三个点A、B、C画圆。

③两点法画圆(2P)。选择"两点"选项,通过指定的两个点绘制圆。

④相切、相切、半径画圆(T)。选择"相切、相切、半径"选项,通过选择两个与圆相切的对象,并输入圆的半径画圆。

【例2.6】 如图2-12所示,绘制与直线OA和OB相切,半径值为50的圆。

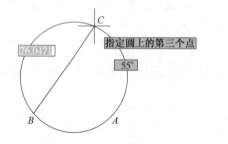

图2-11 三点法画圆

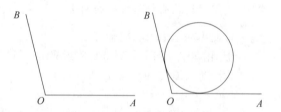

图2-12 相切,相切半径画圆

⑤相切、相切、相切画圆(A)。选择"相切、相切、相切"选项,通过选择三个与圆相切的对象画圆。此命令必须从菜单栏中调出,如图2-13所示。

【例2.7】 绘制图2-14所示,与三角形ABC三边都相切的圆。

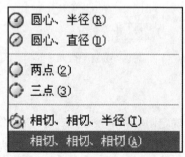

图2-13 相切、相切、相切命令

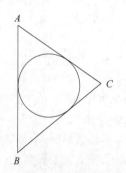

图2-14 画相切、相切、相切圆

（2）绘制圆弧

AutoCAD 2019 共提供了 10 种绘制圆弧的方法,其中在默认状态下是通过确定三点来绘制圆弧的。绘制圆弧时,可以通过设置起点、方向、中点、角度、终点、弦长等参数来进行绘制。在绘图过程中用户可以采用不同的办法进行绘制。

启用绘制"圆弧"命令有三种方法：

◇ 选择"绘图"→"圆弧"菜单命令。

◇ 单击标准工具栏中的"圆弧"按钮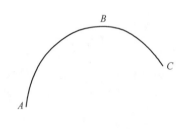。

◇ 输入命令:A(ARC)。

通过选择"绘图"→"圆弧"菜单命令后,系统将显示图 2-15 所示"圆弧"下拉菜单,在子菜单中提供了 10 种绘制圆弧的方法用户可根据自己的需要,选择相应的选项来进行圆弧的绘制。

【例 2.8】 绘制图 2-16 所示圆弧 *ABC*。采用三点画圆弧(P)的方法绘制,给出圆弧的起点、圆弧上的一点、端点。

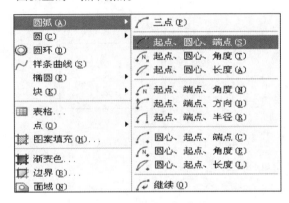

图 2-15　圆弧下拉菜单　　　　　图 2-16　画圆弧

> **小贴士**
>
> 绘制圆弧需要输入圆弧的角度时,角度为正值,则按逆时针方向画圆弧;角度为负值,则按顺时针方向画圆弧。若输入弦长和半径为正值,则可绘制 180°范围内的圆弧;若输入弦长和半径为负值,则可绘制大于 180°的圆弧。

4. 绘制射线与参照线

（1）绘制射线

射线是一条只有起点,通过另一点或指定某方向无限延伸的直线,一般用作辅助线。

启用绘制"射线"命令有三种方法：

◇ 选择"绘图"→"射线"菜单命令。

◇ 单击"绘图"工具栏下拉菜单中的"射线"按钮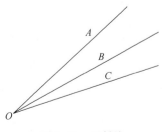。

◇ 输入命令:RAY。

【例 2.9】 绘制图 2-17 所示的射线。

（2）绘制构造线

构造线又称参照线,是指通过某两点并向两个确定的方向无限延伸的直线。构造线一般用作辅助线。

启用"构造线"命令有三种方法：

◇ 选择"绘图"→"构造线"菜单命令。

图 2-17　画射线

◇ 单击"绘图"工具栏下拉菜单中的"构造线"按钮。
◇ 输入命令:XLINE。

【例2.10】 绘制角 ABC 的二等分线,如图 2-18 所示。

5. 绘制矩形与正多边形

(1) 绘制矩形

矩形也是工程图样中常见的元素之一,矩形可通过定义两个对角点来绘制,同时可以设定其宽度、圆角和倒角等。

启用绘制"矩形"命令有三种方法。

◇ 选择"绘图"→"矩形"菜单命令。
◇ 单击"绘图"工具栏中的"矩形"按钮。
◇ 输入命令:RECTANG。

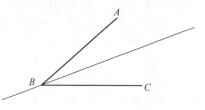

图 2-18 绘制∠ABC 的二等分线

【例2.11】 绘制如图 2-19 所示的四种矩形。

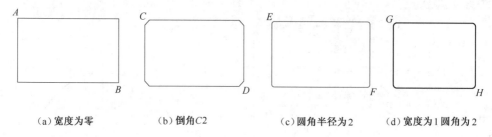

图 2-19 绘制矩形图例

> **小贴士**
> 绘制的矩形是一个整体,编辑时必须通过分解命令使之分解成单个的线段,同时矩形也失去线宽性质。

(2) 绘制正多边形

在 AutoCAD 2019 中,正多边形是具有等边长的封闭图形,其边数为 3~1024。绘制正多边形时,可以通过与采用假想圆内接或外切的方法来进行绘制。

启用绘制"正多边形"的命令有三种方法。

◇ 选择"绘图"→"多边形"菜单命令。
◇ 单击"绘图"工具栏中的"多边形"按钮。
◇ 输入命令:POL(POLYGON)。

绘制正多边形以前,我们先来认识一下【内接于圆(I)】和【外切于圆(C)】。如图 2-20 所示,

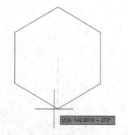

(a) 内接于圆的正六边形   (b) 外切于圆的正六边形

图 2-20 正多边形与圆的关系

图中绘制两种图形都与假想圆的半径有关系,用户绘制正多边形时要弄清正多边形与圆的关系。内接于圆的正六边形,从六边形中心到两边交点的连线等于圆的半径。而外切于圆的正六边形的中心到边的垂直距离等于圆的半径。

6. 绘制椭圆与椭圆弧

椭圆与椭圆弧是工程图样中常见的曲线,在AutoCAD 2019中绘制椭圆与椭圆弧比较简单,和正多边形一样,系统自动计算数据。

(1)绘制椭圆

绘制椭圆的主要参数是椭圆的长轴和短轴长度,绘制椭圆的默认方法是通过指定椭圆的一根轴线的两个端点及另一半轴的长度绘制。

启用绘制"椭圆"的命令有三种方法:

◇ 选择"绘图"→"椭圆"菜单命令。

◇ 单击"绘图"工具栏中的"椭圆"按钮 。

◇ 输入命令:EL(ELLIPSE)。

【例2.12】 绘制如图2-21所示的椭圆。

(2)绘制椭圆弧

绘制椭圆弧的方法与绘制椭圆相似,首先确定椭圆的长轴和短轴,然后再输入椭圆弧的起始角和终止角即可。

启用绘制"椭圆弧"命令有两种方法:

◇ 选择"绘图"→"椭圆"→"椭圆弧"菜单命令。

◇ 单击"绘图"工具栏中的"椭圆弧"按钮 。

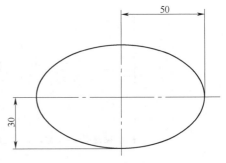

图2-21 绘制椭圆

7. 绘制圆环

圆环是一种可以填充的同心圆,其内径可以是0,也可以和外径相等。在绘图过程中用户需要指定圆环的内径、外径以及中心点。

启用绘制"圆环"的命令有两种方法:

◇ 选择"绘图"→"圆环"菜单命令。

◇ 输入命令:DONUT。

利用以上方法输入"圆环"命令,绘制如图2-22所示的圆环。

图2-22 绘制圆环

8. 绘制样条曲线

样条曲线是由多条线段,光滑过渡而形成的曲线,其形状是由数据点、拟合点及控制点来控制的。其中数据点是在绘制样条曲线时,由用户确定的。拟合点及控制点由系统自动产生,用来编辑样条曲线。

启用"样条曲线"命令有三种方法。

◇ 选择"绘图"→"样条曲线"菜单命令。

◇ 单击"绘图"工具栏下拉菜单中的"样条曲线"按钮。
◇ 输入命令:SPL(SPLINE)。

利用以上方法启用"样条曲线"命令,绘制如图 2-23 所示的样条曲线。

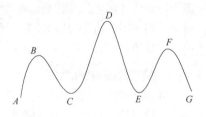

图 2-23　样条曲线的绘制

9. 绘制多线

启用绘制"多线"命令有两种方法:
◇ 选择"绘图"→"多线"菜单命令。
◇ 输入命令:ML(MLINE)。

【例 2.13】 绘制如图 2-24 所示的多线。

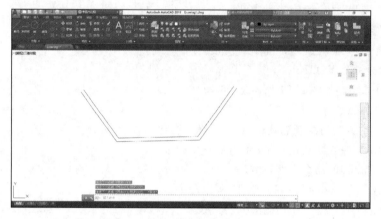

图 2-24　画多线

绘制前先设置多线样式,在"多线样式"对话框中设置多线中线条的数量、线条的颜色和线型、直线间的距离等,还能确定多线封口的形式。

启用"多线样式"命令有两种方法:
◇ 选择"格式"→"多线样式"菜单命令。
◇ 输入命令:MLSTYLE。

启用"多线样式"命令后,系统将显示弹出如图 2-25 所示"多线样式"对话框,通过该对话框可以设置多线样式。

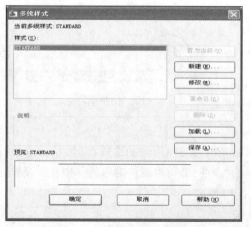

图 2-25　"多线样式"对话框

10. 绘制多段线

多段线是由线段和圆弧构成的连续线段组,是一个单独的图形对象。在绘制过程中,用户可以随意设置线宽。

启用绘制"多段线"命令有三种方法:

◇ 选择"绘图"→"多段线"菜单命令。

◇ 单击"绘图"工具栏中的"多段线"按钮 。

◇ 输入命令:PL(PLINE)。

【例 2.14】 绘制如图 2-26 所示多段线。

11. 修订云线

"云线"的作用是在检查或者用红线圈阅图形时,用户可以使用云状线来进行标记,这样可以提高用户的工作效率。云状线是由连续的圆弧组成的多段线,其弧长的最大值和最小值可以分别进行设定。

启用绘制"云线"的命令有三种方法:

◇ 选择"绘图"→"修订云线"菜单命令。

◇ 单击"绘图"工具栏下拉菜单中的 按钮。

◇ 输入命令:REVCLOUD。

【例 2.15】 绘制如图 2-27 所示的云线。

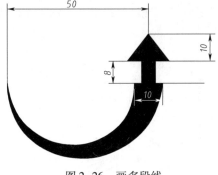

图 2-26　画多段线

图 2-27　画云线

二、常用基本编辑命令

1. 选择对象

对已有的图形进行编辑,AutoCAD 提供了两种不同的编辑顺序:

①先下达编辑命令,再选择对象。

②先选择对象,再下达编辑命令。

不论采用何种方式,在二维图形的编辑过程中,都需要进行选择图形对象的操作,AutoCAD 为用户提供了多种选择对象的方式。对于不同图形、不同位置的对象可使用不同的选择方式,这样可提高绘图的工作效率。所以本章首先介绍对象的选择方式,然后介绍不同的编辑方法和技巧。

(1)选择对象的方式

在 AutoCAD 2019 中提供了多种选择对象的方法,在通常情况下,用户可通过鼠标逐个点取被编辑的对象,也可以利用矩形窗口、交叉矩形窗口选取对象,同时可以利用多边形窗口、交叉多边形窗口等方法选取对象。

①选择单个对象。选择单个对象的方法称为点选。由于只能选择一个图形元素,所以又叫单选方式。

a. 使用光标直接选择:用十字光标直接单击图形对象,被选中的对象将以带有夹点的虚线显示,如图2-28所示,选择一条直线和一个圆;如果需要选择多个图形对象,可以继续单击需要选择的图形对象。

b. 使用工具选择:这种选择对象的方法是在启用某个编辑命令的基础上,例如:选择"复制"命令,十字光标变成一个小方框,这个小方框称为"拾取框"。在命令行出现"选择对象:"时,用"拾取框"单击所要选择的对象即可将其选中,被选中的对象以虚线显示,如图2-29所示。如果需要连续选择多个图形元素,可以继续单击需要选择的图形。

图2-28 十字光标单击　　　　　图2-29 拾取框选取

②利用矩形窗口选择对象。当用户需要选择多个对象时,应该使用矩形窗口选择对象。在需要选择多个图形对象的左上角或左下角单击,并向右下角或右上角方向移动鼠标,系统将显示一个紫色的矩形框,当矩形框将需要选择的图形对象包围后,单击鼠标,包围在矩形框中的所有对象就被选中了,如图2-30所示,选中的对象以虚线显示。

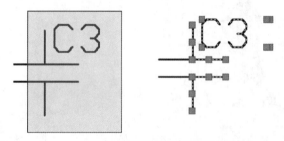

图2-30 矩形窗口选择对象

③利用交叉矩形窗口选择对象。在需要选择的对象右上角或右下角单击,并向左下角或左上角方向移动鼠标,系统将显示一个绿色的矩形虚线框,单击鼠标,虚线框包围和相交的所有对象就被选中,如图2-31所示,被选中的对象以虚线显示。

小贴士

利用矩形窗口选择对象时,与矩形框边线相交的对象将不被选中;而利用交叉矩形窗口选择对象时,与矩形虚线框边线相交的对象将被选中。

④利用多边形窗口选择对象。在绘图过程中,当命令行提示"选择对象"时,在命令行输入"WP",按【Enter】键,则用户可以通过绘制一个封闭多边形来选择对象,凡是包围在多边形内的对象都将被选中。

⑤利用交叉多边形窗口选择对象。在绘图过程中,当命令行提示"选择对象"时,在命令行输入"CP",按【Enter】键,则用户可以通过绘制一个封闭多边形来选择对象,凡是包围在多边形内以

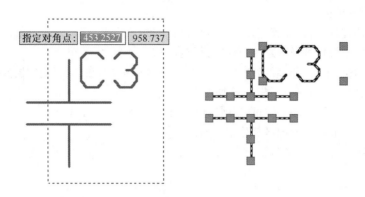

图 2-31　交叉矩形窗口选择对象

及与多边形相交的对象都将被选中。

⑥利用折线选择对象。在绘图过程中,当命令行提示"选择对象"时,在命令行输入"F",按【Enter】键,则用户可以连续选择单击以绘制和条折线,此时折线以虚线显示,折线绘制完成后按【Enter】键,此时所有与折线相交的图形对象都将被选中。也可以通过绘制一个封闭多边形来选择对象,凡是包围在多边形内以及与多边形相交的对象都将被选中。

⑦选择最后创建的图形。在绘图过程中,当命令行提示"选择对象"时,在命令行输入"L",按【Enter】键,则用户可以选择最后建立的对象。

(2)选择全部对象

在绘图过程中,如果用户需要选择整个图形对象,可以利用以下三种方法:

①选择"编辑"→"全部选择"菜单命令。

②按【Ctrl + A】组合键。

③使用编辑工具时,当命令行提示"选择对象:"时,输入"ALL",并按【Enter】键。

(3)快速选择对象

在绘图过程中,使用快速选择功能,可以快速将指定类型的对象或具有指定属性值的对象选中,启用"快速选择"命令有以下三种方法:

①选择"工具"→"快速选择"菜单命令。

②使用快捷菜单,在绘图窗口内右击,并在弹出的快捷菜单中选择"快速选择"命令。

③输入命令:QSELECT。

当启用"快速选择"命令后,系统弹出如图 2-32 所示"快速选择"对话框,通过设置该对话框可以快速选择所需的图形元素。

(4)取消选择

要取消所选择的对象,有两种方法:

◇ 按【Esc】键。

◇ 在绘图窗口内右击,在弹出的快捷菜单中选择"全部不选"命令。

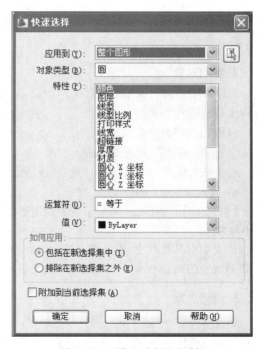

图 2-32　"快速选择"对话框

(5) 设置选择方式

用户在绘图过程中,往往有些设置不符合自己的绘图要求,这时就要重新进行设置。下面介绍在选项对话框中设置选择的常用方法。操作步骤如下：

①选择"工具"→"选项"菜单命令,或者在绘图区域右击,在弹出的快捷菜单中选择"选项"命令,单击"选择集"选项卡,如图2-33所示。

② 在对话框中可以对选择的具体项目进行设置。例如：在"拾取框大小"选项组中可以通过拖动滑块来设置拾取框在绘图区域内显示状态的大小。

③选择所需的选项,单击"确定"按钮,就可以完成选择方式的设置。

图 2-33　设置选择

2. 复制对象

对图形中相同的或相近的对象,不论其复杂程度如何,只要完成一个后,便可以通过复制命令产生其他的若干个。

启用"复制"命令有三种方法：

◇ 选择"修改"→"复制"菜单命令。

◇ 单击"修改"工具栏中的"复制"按钮 。

◇ 输入命令：COPY。

【例2.16】　将图2-34所示的左侧图形,通过复制绘制成右侧图形。

小贴士
　　复制对象过程中,在确定位移时应充分利用"对象捕捉"、"栅格显示"、和"捕捉模式"等精确绘图的辅助工具。在绝大多数的编辑命令中都应该使用辅助工具来精确绘图。

3. 偏移对象

绘图过程中,单一对象可以将其偏移,从而产生复制的对象。偏移时根据偏移距离会重新计算其大小。偏移对象可以是直线、曲线、圆、封闭图形等。

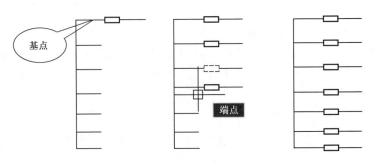

图 2-34　复制图例

启用"偏移"命令有三种方法：
◇ 选择"修改"→"偏移"菜单命令。
◇ 单击"修改"工具栏中的"偏移"按钮。
◇ 输入命令：Offset。

【例 2.17】　将图 2-35 所示的直线、圆、矩形分别向内偏移 10 个单位。

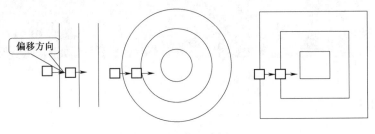

图 2-35　偏移图例

小贴士

偏移时一次只能偏移一个对象，如果想要偏移连续的多条线段可以将其转换为多段线来进行偏移。偏移常应用于根据尺寸绘制的规则图样中，如各个视图之间的投影关系等。偏移命令比复制命令要求键入的数值少，使用比较方便，常用于标题栏的绘制。

4. 镜像对象

对称的图形，可以只绘制一半或是四分之一，然后应用镜像命令生成对称部分。
启用"镜像"命令有三种方法：
◇ 选择"修改"→"镜像"菜单命令。
◇ 单击"修改"工具栏中的"镜像"按钮。
◇ 输入命令：MIRROR。

【例 2.18】　将图 2-36 所示的左侧图形通过镜像，变成右侧图形。

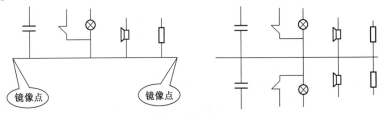

图 2-36　镜像图例

> **小贴士**
>
> 该命令一般用于绘制对称的图形,可以只绘制其中的一半甚至是四分之一,然后应用镜像命令生成对称的部分。而对于文字的镜像,要通过 MIRRTEXT 变量来控制是否使文字和其他的对象一样被镜像。如果为 0,则文字不作镜像处理。如果为 1(默认设置),文字和其他的对象一样被镜像。

5. 阵列

阵列主要用于绘制规则分布的图形,通过环形路径或者矩形阵列复制图形。

启用"阵列"命令有三种方法:

◇ 选择"修改"→"阵列"菜单命令。

◇ 单击"修改"工具栏中的"阵列"按钮🔠。

◇ 输入命令:ARRAY。

例如,启用"矩形阵列"命令后,选中阵列对象,按【Enter】键,修改参数,如图 2-37 所示。

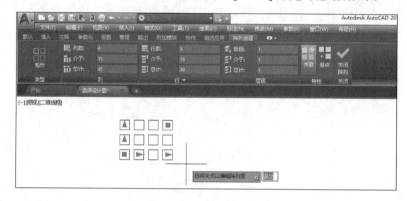

图 2-37 "阵列"对话框

AutoCAD 2019 提供了三种阵列形式:矩形阵列、环形阵列和路径阵列,其效果如图 2-38 所示。

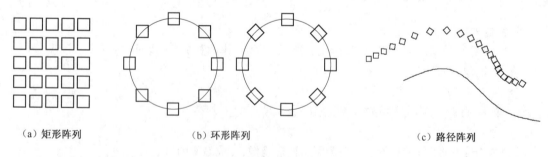

(a) 矩形阵列　　　(b) 环形阵列　　　(c) 路径阵列

图 2-38 阵列形式

6. 调整对象

(1) 移动对象

移动命令可以将一组或一个对象从一个位置移动到另一个位置。

启用"移动"命令有三种方法:

◇ 选择"修改"→"移动"菜单命令。

◇ 单击"修改"工具栏中的"移动"按钮⊕。
◇ 输入命令:M(MOVE)。

【例2.19】 将图2-39所示的小圆,从A点移动到C点。

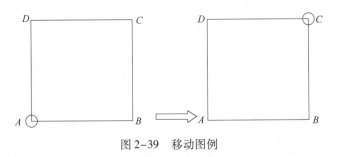

图2-39 移动图例

> **小贴士**
> 移动和复制需要进行的操作基本相同,但结果不同。复制在原位置保留了原对象,而移动在原位置并不保留原对象。绘图过程中,应该充分采用对象捕捉等辅助绘图手段精确移动对象。

(2)旋转对象

旋转命令可以将某一个对象旋转一个指定角度或参照一个对象进行旋转。

启用"旋转"命令有三种方法:

◇ 选择"修改"→"旋转"菜单命令。
◇ 单击"修改"工具栏中的"旋转"按钮◯。
◇ 输入命令:RO(ROTATE)。

【例2.20】 将图2-40(a)所示的图形,通过旋转命令变为图2-40(b)所示的图形。

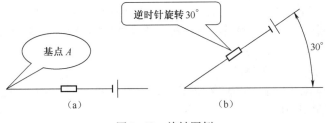

图2-40 旋转图例

(3)对齐对象

使用"对齐"命令,可以将对象移动、旋转或是按比例缩放,使之与指定的对象对齐。

启用"对齐"命令有两种方法:

◇ 选择"修改"→"三维操作"→"对齐"菜单命令。
◇ 输入命令:ALIGN。

(4)拉长对象

使用拉长命令,可以延伸或缩短非闭合直线、圆弧、非闭合多段线、椭圆弧、非闭合样条曲线等图形对象的长度,也可以改变圆弧的角度。

【例2.21】 通过对齐命令将图2-41所示的左侧三角形由ABC三点处变成DEF三点处。

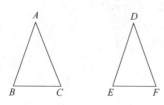

图 2-41 对齐图例

启用"拉长"命令有两种方法：
◇ 选择"修改"→"拉长"菜单命令。
◇ 输入命令：LEN(LENGTHEN)。

【例2.22】 将图 2-42 所示的左侧矩形的对角线 AB、CD 分别拉长至右侧所示位置。

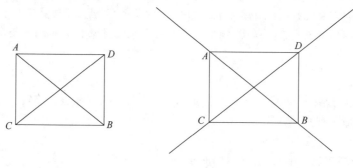

图 2-42 拉长图例

(5)拉伸对象

使用拉伸命令可以在一个方向上按用户所指定的尺寸拉伸、缩短对象。拉伸命令是通过改变端点位置来拉伸或缩短图形对象，编辑过程中除被伸长、缩短的对象外，其他图形对象间的几何关系将保持不变。可进行拉伸的对象有圆弧、椭圆弧、直线、多段线、二维实体、射线和样条曲线等。

启用"拉伸"命令有三种方法：
◇ 选择"修改"→"拉伸"菜单命令。
◇ 单击"修改"工具栏中的"拉伸"按钮。
◇ 输入命令：STRETCH。

【例2.23】 如图 2-43 所示，将图 2-43(a)通过拉伸命令，绘制成图 2-43(b)所示图形。

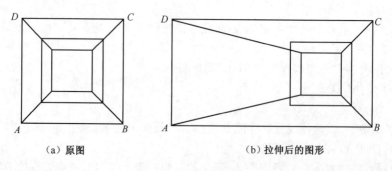

(a) 原图　　　　　　　　(b) 拉伸后的图形

图 2-43 拉伸图例

> **小贴士**
> 拉伸一般只能采用交叉窗口或多边形交叉窗口的方式来选择对象,可以采用 Remove 方式取消不需拉伸的对象。其中比较重要的是必须选择好端点是否应该包含在被选择的窗口中。如果端点被包含在窗口中,则该点会同时被移动,否则该端点不会被移动。

(6)缩放对象

缩放命令可以根据用户的需要将对象按指定比例因子相对于基点放大或缩小,该命令可真正改变原来图形的大小,是用户在绘图过程中经常用到的命令。

启用"缩放"命令有三种方法:

◇ 选择"修改"→"缩放"菜单命令。

◇ 单击"修改"工具栏中的"缩放"按钮 。

◇ 输入命令:SC(SCALE)。

【例2.24】 如图2-44所示,通过缩放命令,把中间原来图形各放大一倍并缩小一半。

(a)放大1倍　　　(b)原图　　　(c)缩小1倍

图2-44　缩放图例

> **小贴士**
> 比例缩放是真正改变了原来图形的大小,和视图显示中的 ZOOM 命令缩放有本质区别,ZOOM 命令仅仅改变在屏幕上的显示大小,图形本身尺寸无任何大小变化。

7. 编辑对象

(1)修剪对象

在绘图过程中通常是先粗略绘制一些线段,将多余的部分去掉,以便于使图形精确相交,这就要使用修剪命令。

◇ 选择"修改"→"修剪"菜单命令。

◇ 单击"修改"工具栏中的"修剪"按钮 。

◇ 输入命令:TR(TRIM)。

【例2.25】 如图2-45所示,通过修剪命令,完成图形编辑。

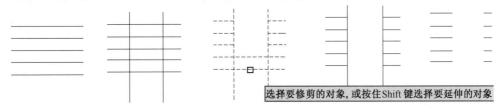

图2-45　修剪图例

(2)延伸对象

延伸是以指定的对象为边界,延伸某对象与之精确相交。

启用"延伸"命令有三种方法:

◇ 选择"修改"→"延伸"菜单命令。

◇ 单击"修改"工具栏中的"延伸"按钮。
◇ 输入命令:EX(EXTEND)。

【例2.26】 将图2-46所示的直线 AB 先延伸到直线 CD 上,再延伸到直线 EF 上。

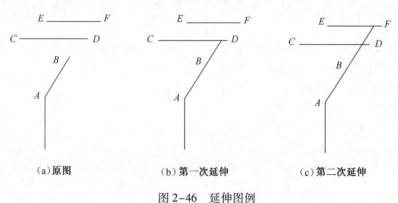

图 2-46 延伸图例

(3)打断对象

打断命令可将某一对象一分为二或去掉其中一段减少其长度。AutoCAD 2019 供了两种用于打断的命令:"打断"和"打断于点"命令。可以进行打断操作的对象包括直线、圆、圆弧、多段线、椭圆、样条曲线等。

①"打断"命令。打断命令可将对象打断,并删除所选对象的一部分,从而将其分为两个部分。

启用"打断"命令有三种方法:
◇ 选择"修改"→"打断"菜单命令。
◇ 单击"修改"工具栏下拉菜单中的"打断"按钮。
◇ 输入命令:BR(BREAK)。

【例2.27】 将图2-47所示的矩形在指定位置 A、B 点打断。

②"打断于点"命令。"打断于点"命令用于打断所选的对象,使之成为两个对象,但不删除其中的部分。

启用"打断于点"命令的方法是直接单击标准工具栏上的"打断于点"按钮。

【例2.28】 将图2-48所示的矩形在 A 点打断成两部分。

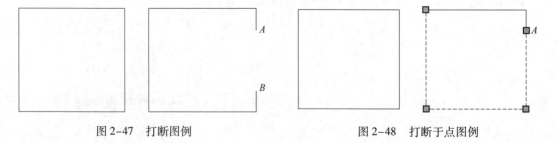

图 2-47 打断图例　　　　　　图 2-48 打断于点图例

(4)合并对象

利用合并命令可以将直线、圆、椭圆和样条曲线等独立的线段合并为一个对象。
启用"合并"命令有三种方法:

◇ 选择"修改"→"合并"菜单命令。
◇ 单击"修改"工具栏下拉菜单中的"合并"按钮。
◇ 输入命令:J(Join)。

【例2.29】 将图2-49所示的椭圆弧 A、椭圆弧 B 合并成椭圆,并将圆弧 C、圆弧 D 进行合并。

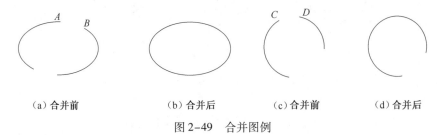

（a）合并前　　　　（b）合并后　　　　（c）合并前　　　　（d）合并后

图2-49　合并图例

> **小贴士**
> 选择圆弧时注意先后顺序,圆弧合并是按照逆时针方向合并的。

（5）分解对象

使用分解命令可以把复杂的图形对象或用户定义的块分解成简单的基本图形对象,这样就可以编辑图形了。

启用"分解"命令有三种方法:
◇ 选择"修改"→"分解"菜单命令。
◇ 单击"修改"工具栏中的"分解"按钮。
◇ 输入命令:EXPLODE。

启用"分解"命令后,根据命令行提示,选择对象,然后按【Enter】键,整体图形就被分解了。

【例2.30】 使用"分解"命令,将图2-50所示的六边形进行分解。

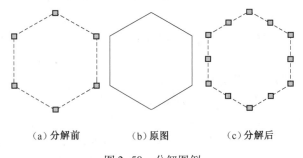

（a）分解前　　　　（b）原图　　　　（c）分解后

图2-50　分解图例

（6）删除对象

使用删除命令可将图形中的没有用的图形对象删除掉。启用"删除"命令有三种方法:
◇ 选择"修改"→"删除"菜单命令。
◇ 单击"修改"工具栏中的"删除"按钮。
◇ 输入命令:ERASE。

启用"删除"命令后,根据命令行提示,选择对象,然后按【Enter】键,选中的图形就被删除了。

【例2.31】 删除图2-51所示图形中被选中的图形。

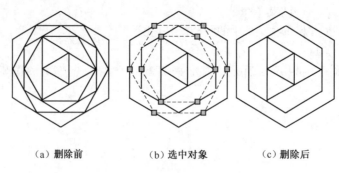

(a) 删除前　　　　　(b) 选中对象　　　　　(c) 删除后

图 2-51　删除图例

（7）倒圆角

通过倒圆角可将两个图形对象之间绘制成光滑的过渡圆弧线。

启用"圆角"命令有三种方法：

◇ 选择"修改"→"圆角"菜单命令。

◇ 单击"修改"工具栏中的"圆角"按钮。

◇ 输入命令：F(FILLET)。

【例 2.32】 将图 2-52 所示图形进行不修剪和修剪倒圆角处理。

(a) 原图　　　　　(b) 不修剪　　　　　(c) 修剪

图 2-52　设置倒圆角修剪

（8）倒直角

倒直角是机械图样中常见的结构，它可以通过倒角命令直接生成。

启用"倒角"命令有三种方法：

◇ 选择"修改"→"倒角"菜单命令。

◇ 单击"修改"工具栏中的"倒角"按钮。

◇ 输入命令：CHA(Chamfer)。

【例 2.33】 将图 2-53 所示长高分别为 200,400 的矩形进行倒角,倒角两边距离为 20,倒圆角半径为 20。

8. 使用夹点编辑对象

夹点即图形对象上可以控制对象位置、大小的关键点。例如直线的中心点可以控制位置,两个端点可以控制其长度和位置,所以直线有三个夹点。选择夹点后可以进行移动、拉伸、旋转等编辑操作。当在命令行提示状态下选择图形对象时,会在图形对象上显示出小方框表示的夹点。不同对象其夹点如图 2-54 所示。

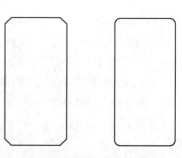

图 2-53　设置倒角修剪图例

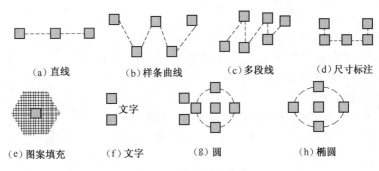

(a) 直线　　(b) 样条曲线　　(c) 多段线　　(d) 尺寸标注

(e) 图案填充　　(f) 文字　　(g) 圆　　(h) 椭圆

图 2-54　常见对象夹点

(1) 利用夹点移动或复制对象

利用夹点移动对象,选中对象后右击,选择"移动"命令,则所选对象会和光标一起移动,在目标点按下鼠标左键即可。

【例 2.34】 将图 2-55 所示图形进行复制。

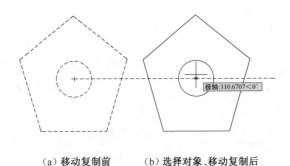

(a) 移动复制前　　(b) 选择对象、移动复制后

图 2-55　移动复制对象

操作步骤:

①单击复制按钮 或在命令行输入"COPY"命令或选择"编辑"→"复制"菜单命令。
②选中要复制的图形,按【Enter】键。
③单击圆心作为指定基点。
④鼠标向右滑动,输入复制长度 110.6707<0,按【Enter】键。

(2) 利用夹点拉伸对象

当选中的夹点是条线的端点时,用户将选中的夹点移动到新位置即可拉伸对象。

【例 2.35】 将图 2-56 所示直线 AB 延伸到直线 C。

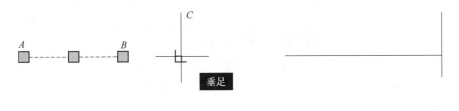

(a) 拉伸过程　　(b) 拉伸结果

图 2-56　利用夹点拉伸对象

操作步骤：
①单击"延伸"按钮或选择"修改"→"延伸"菜单命令。
②选中要延伸到的边界直线 C，按【Enter】键。
③左键单击延伸对象直线 AB。

(3) 利用夹点旋转对象

利用夹点可将选定的对象进行旋转。在操作过程中极点表示用户选中的对象的旋转中心，再使用旋转命令可旋转图形，用户也可以指定其他点作为旋转中心。

【例2.36】 利用夹点旋转如图2-57(a)所示的图形，以端点为基点顺时针旋转。

9. 编辑多线

"编辑多线"命令可以控制多线之间相交时的连接方式，增加或删除多线的顶点，控制多线的打断结合。

启用"编辑多线"命令有两种方法：

◇ 选择"修改"→"对象"→"多线"菜单命令。

◇ 输入命令：MLEDIT。

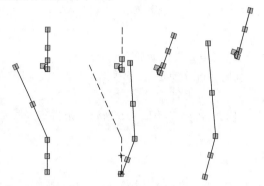

(a) 夹点旋转前　(b) 夹点旋转过程　(c) 夹点旋转后

图2-57　夹点旋转对象

利用上述方法启用"编辑多线"命令后，系统将弹出如图2-58所示的"多线编辑工具"对话框。

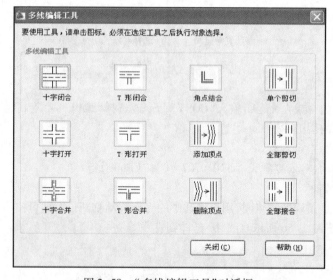

图2-58　"多线编辑工具"对话框

在多线编辑工具对话框中，多线编辑以四列显示样例图像：第一列用于处理十字交叉的多线；第二列用于处理T形相交的多线；第三列用于处理角点连接和顶点；第四列用于处理多线的剪切和接合。

项目实施

对图2-1所示电路原理图进行分析后可知项目实施包含创建项目图形文件、定义各元器件图块、绘制线路结构图、插入各元器件、添加注释文字等步骤。

步骤一　创建项目图形文件

打开 AutoCAD 2019 应用程序，选择"AutoCAD 经典"工作空间。系统创建一个默认文件名"Drawing1.dwg"的文件，对该文件进行另存或保存操作就可以改变文件存储位置和文件名，这里保存时输入文件名为"功能电路图"，保存位置为"桌面"。

步骤二　创建电路元器件

本项目所用的元器件主要有电阻器、电容器、电源、变压器、电气节点。主要用到的绘图命令有"直线""矩形""多段线""圆弧""分解""复制""镜像"等。

1. 绘制电阻器符号

电阻器符号图形是由一个矩形框和两边的两条直线段组成，可以先利用"矩形"命令绘制出矩形，再利用"对象捕捉"命令和"直线"命令绘制出两条直线。

绘制步骤如下：

◇ 打开"正交"、"对象捕捉"设置"中点"。

◇ 单击"矩形"按钮，输入长10，宽4，按【Enter】键，如图2-59(a)所示。

◇ 单击"修改/分散"按钮，选中矩形，按【Enter】键，删除左侧线段和右侧线段，如图2-60(b)所示。

◇ 单击"直线"按钮，捕捉矩形左侧中点，如图2-59(b)所示，输入长度5，角度0，按【Esc】键退出，如图2-59(c)所示。

◇ 单击"直线"按钮，捕捉矩形右侧中点，如图2-59(d)所示，输入长度5，角度180，按【Esc】键退出，如图2-59(e)所示。

◇ 进行尺寸标注，如图2-59(f)所示。

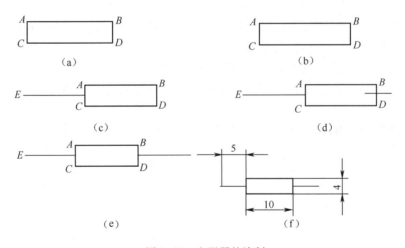

图 2-59　电阻器的绘制

2. 绘制电容器符号

电容器符号图形可以由电阻器符号经过修改得出。

绘制步骤如下：

◇ 打开"正交""对象捕捉"设置"中点"。

◇ 单击"矩形"按钮，输入长10，宽4，按【Enter】键，如图2-60(a)所示。

◇ 单击"修改/分解"按钮,选中矩形,按【Enter】键。用"删除"命令删除左侧线段和右侧线段,如图 2-60(b) 所示。

◇ 单击"直线"按钮,捕捉上端线段中点,如图 2-60(c)所示,正文打开,将光标移到水平线上方,输入长度 4,按【Enter】键;单击"直线"按钮,捕捉矩形下端中点,将光标移到水平线下方,输入长度 4,按【Enter】键,如图 2-60(d)所示。

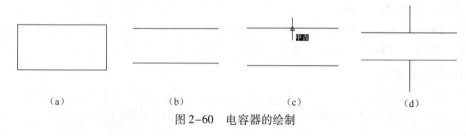

图 2-60 电容器的绘制

视 频

变压器的绘制

3. 绘制变压器符号

双绕组变压器的图形符号由圆弧和直线组成,绕组中的圆弧均为半圆,可以通过"修剪"命令,以一条通过圆心的直线作为剪切边,剪掉圆的一半来完成半圆的绘制,如图 2-61 所示。

绘制步骤如下:

◇ 单击"圆"按钮,绘制半径为 3 的圆,如图 2-61(a)所示。

◇ 右击"对象捕捉",在弹出的快捷菜单中选择"设置",选中象限总点,单击"确定"按钮;单击"直线"按钮,绘制圆垂直直径,如图 2-61(b)所示。

◇ 单击"修剪"按钮,选中圆和直径,按【Enter】键,单击左半圆,删除直径,如图 2-61(c)所示。

◇ 复制半圆,用"阵列"命令生成 4 行 1 列,设置行间距为 3,如图 2-61(d)所示。

◇ 绘制长度为 10 的两个引脚,如图 2-61(e)所示。

◇ 单击"直线"按钮,绘制辅助直线,如图 2-61(f)所示。

◇ 单击"镜像"按钮,选中整个图形,按【Enter】键,单击辅助直线的两端,按【Enter】键,如图 2-61(g)所示。

◇ 删除辅助直线,如图 2-61(h)所示。

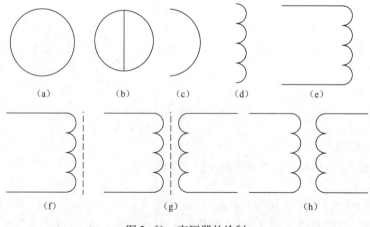

图 2-61 变压器的绘制

4. 绘制三极管符号

采用"多段线"命令可以绘制出由直线段或圆弧段组成的一条多段线。这些线段的连接不是光滑的,组成多段线的每一条线段的线型和线宽可以不同,利用这一点可以绘制出箭头形状。

绘制步骤如下：

◇ 单击"圆"按钮,绘制半径为 7 的圆,如图 2-62(a)所示。

◇ 单击"直线"按钮,捕捉圆的左象限点,从象限点处开始绘制长度为 3.5 的直线,如图 2-62(b)所示。

◇ 以端点为开始分别绘制长度为 3 的竖直线,如图 2-62(c)所示。

◇ 单击"直线"按钮,从竖直线中点处开始到圆的顶点绘制直线,如图 2-62(d)所示。

◇ 单击"多段线"按钮,从圆下端为起点单击,输入 w,按【Enter】键,输入 0,按【Enter】键,输入 1,按【Enter】键,将鼠标指针移到斜线的中点处,输入 2,按【Enter】键,右击结束命令,如图 2-62(e)所示。

【注意】 鼠标指针移到斜线中点时不要单击。

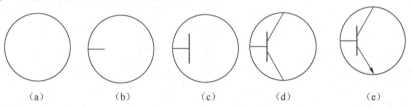

图 2-62 三极管符号的绘制

步骤三 绘制线路结构图

按照图纸要求,图中所有的元器件之间都是用直线来表示导线的,如果除去元器件,电路图就变成只有直线的结构图,称为线路结构图。

将元器件放到适当的位置,打开"正交"和"对象捕捉追踪"模式。单击"直线"命令,画出直线,连接元器件。画出表示输入或输出点的圆,以及条形电源和电气节点,如图 2-63 所示。

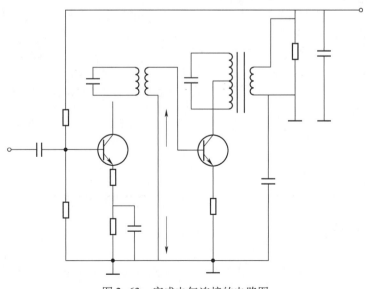

图 2-63 完成电气连接的电路图

步骤四　添加文字和注释

单击"格式"→"文字样式"或单击"文字"工具栏中的"文字样式"按钮,打开"文字样式"对话框。单击"新建"按钮,然后输入样式名"工程字"并单击"确定"按钮。

单击"绘图"工具栏中的"多行文字"  按钮,或者在命令行窗口中输入"mtext",在要添加文字的位置上单击确定文字框,弹出的添加文字框如图1-24所示。

在框内输入"C1"后按【Enter】键,继续输入"10 kΩ",用鼠标选中"C1",将字体大小改为2.5,双击"10 kΩ",将字体大小改为4。用同样的方法输入其他文字说明,如图2-1所示。

项目评价

项目二评价表见表2-1。

表2-1　项目二评价表

项目名称				完成日期	月　日
班　级		小　组		姓　名	
学　号			组长签字		
评价项点		分值	自我评价	组内互评	教师评价
1. 创建学号+姓名+班级.dwg 文件		10			
2. 准确绘制元器件符号		30			
3. 准确绘制电路结构		15			
4. 输入文字		15			
5. 对各种操作的理解		10			
6. 任务完成质量		10			
7. 合作精神		10			
总　分					
自我总结					
教师评语					

技能练习与提高

1. 创建图2-64所示的元器件图。

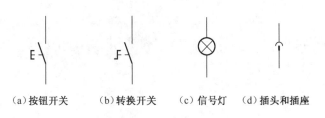

(a)按钮开关　　(b)转换开关　　(c)信号灯　　(d)插头和插座

图 2-64　元器件图

2. 绘制接触网平面图,如图 2-65 所示。

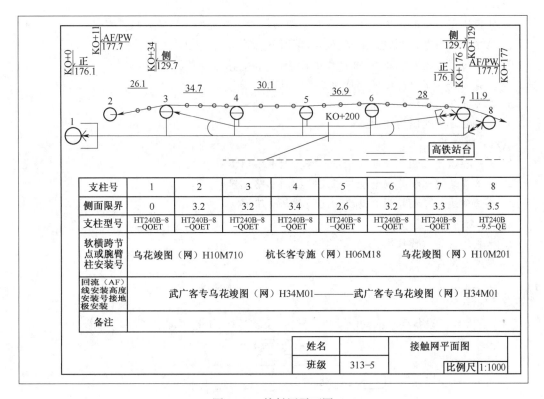

图 2-65　接触网平面图

项目三　电气控制电路图的绘制

项目目标

【知识目标】
1. 掌握绘图界限的设置方法，养成绘制图形前首先设置绘图界限的好习惯。
2. 能熟练运用单位、颜色、线型、线宽、草图设置等功能。
3. 能够将元件图定义成块，并对块进行放大、缩小。
4. 具有综合运用绘图环境和辅助工具的能力。
5. 掌握电气元件绘制步骤。
6. 掌握电路原理图的绘制方法。

【能力目标】
1. 会正确识读三相异步电动机正反转控制电路图图纸。
2. 会正确绘制三相异步电动机正反转控制电路元器件。
3. 会正确绘制三相异步电动机正反转控制电路图。

【素质目标】
1. 养成严谨的工作作风。
2. 养成爱岗敬业精神。

项目描述

当今许多生产设备要求拖动电动机能够正、反转运行，工作原理如图3-1所示。

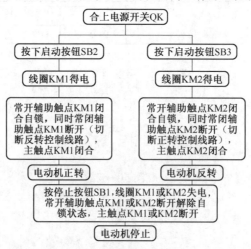

图3-1　工作原理

【项目实施要求】

本项目要求学生学会分析复杂电路图纸,能够将复杂元件图定义成块。

项目实施步骤如下:

①教师布置要完成的项目。

②教师组织实施教学,将学生分成4~6人一个学习小组,以小组的形式组织讨论、查找与项目相关的学习资源、研究学习计划、实施项目教学。

③教师全程关注每一个小组的学习进度,提出引导性意见,培养学生反思习惯和决断力。

④完成项目后,小组进行总结汇报或实作演示,学生进行自我评分及互相评分,给出各项目要点的评定成绩,教师根据对学生测试检查或成果展示情况给出评分。

【项目图示】

三相异步电动机正反转控制电路图,如图3-2所示。

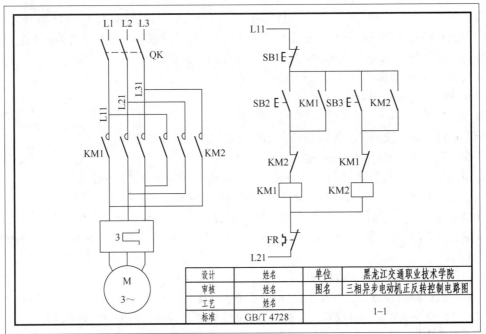

序号	符号	元器件名称	序号	符号	元器件名称
1	QK	电源开关	4	KM	接触器线圈和主、辅触点
2	M	三相异步电动机	5	FR	常闭触点
3	L1、L2、L3	三相电源	6	SB	常开按钮、常闭按钮

图3-2 三相异步电动机正反转控制电路图

【项目准备】

①每位同学配备一台计算机。

②每台计算机上均安装AutoCAD 2019软件。

 相关知识

一、绘制电路图的基本步骤

一般来说,在AutoCAD中绘制图形的基本步骤如下:

①创建图形文件。
②设置图形单位与界限。
③创建图层,设置图层颜色、线型、线宽等。
④调用或绘制图框和标题栏。
⑤选择当前层并绘制图形。
⑥填写标题栏、明细表、技术要求等。

二、图形界限设置

图形界限是绘图的范围,相当于手工绘图时图纸的大小。设定合适的绘图界限,有利于确定图形绘制的大小、比例、图形之间的距离,有利于检查图形是否超出"图框"。在 AutoCAD 2019 中,设置图形界限主要是为图形确定一个图纸的边界。

工程图样一般采用 A0(1189×841)、A1(841×594)、A2(594×420)、A3(420×297)、A4(297×210)五种比较固定的图纸规格。利用 AutoCAD 2019 绘制工程图形时,通常是按照 1∶1 的比例进行绘图的,所以用户需要参照物体的实际尺寸来设置图形的界限。

启用设置"图形界限"命令有两种方法。

◇ 选择"格式"→"图形界限"菜单命令。

◇ 输入命令:Limits。

【例 3.1】 设置绘图界限为宽 297,高 210,并通过栅格显示该界限。

①命令行输入 limits,按【Enter】键。
②指定左下角点或[开(ON)/关(OFF)]<0.0000,0.0000>,按【Enter】键。
③指定右上角点<420.0000,297.0000>:297,210,按【Enter】键。
④单击绘图窗口内缩放工具栏上全部缩放按钮,使整个图形界限显示在屏幕上。
⑤单击状态栏中的栅格按钮或者是启用缩放命令,在所设置的绘图区域显示栅格,如图 4-3 所示。
⑥在命令行输入 ZOOM,按【Enter】键。
⑦指定窗口的角点,输入比例因子(nX 或 nXP),或者[全部(A)/中心(C)/动态(D)/范围(E)/上一个(P)/比例(S)/窗口(W)/对象(O)<实时>:A 选择全部缩放,按【Enter】键。
⑧正在重生成模型。
⑨命令:按【F7】键<栅格 开/关>。

结果如图 3-3 所示。

小贴士

绘制工程图样时,首先要根据图形尺寸,确定图形的总长、总宽。设置图形界限一定要略大于图形的总体尺寸,要给标题栏、标注尺寸、技术要求等留有空间,实际绘图时一定是按 1∶1 比例绘制。

三、图形单位设置

对任何图形而言,总有其大小、精度以及采用的单位。AutoCAD 2019 中,在屏幕上显示的只是屏幕单位,但屏幕单位应该对应一个真实的单位。不同的单位其显示格式是不同的。同样也可以设定或选择角度类型、精度和方向。

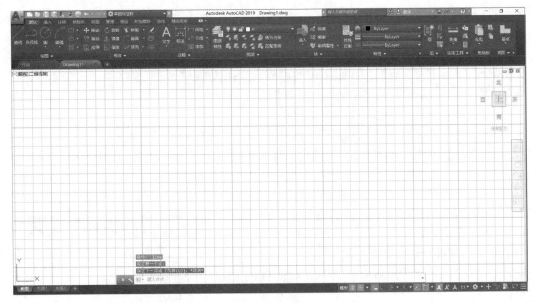

图 3-3　绘图界限

启用"图形单位"命令有两种方法：
◇ 选择"格式"→"单位"菜单命令。
◇ 输入命令：UNITS。
启用"图形单位"命令后，弹出图 3-4 所示"图形单位"对话框。

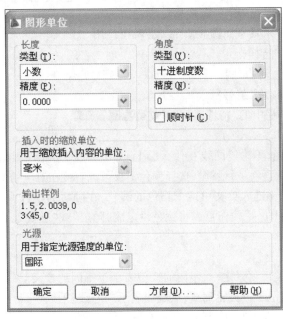

图 3-4　"图形单位"对话框

在"图形单位"对话框中包含长度、角度、插入时的缩放单位和输出样例四个选项组。另外还有四个按钮。

各选项组的意义如下：

①在"长度"选项组中，设定长度的单位类型及精度。

"类型"：通过下拉列表框，可以选择长度单位类型。

"精度"：通过下拉列表框，可以选择长度精度，也可以直接键入。

②在"角度"选项组中，设定角度单位类型和精度。

"类型"：通过下拉列表框，可以选择角度单位类型。

"精度"：通过下拉列表框，可以选择角度精度，也可以直接键入。

"顺时针"：控制角度方向的正负。选中该复选框时，顺时针为正，否则，逆时针为正。

③在"插入时的缩放单位"选项组中，设置用于插入内容的单位。

④在"输出样例"选项组中，示意了以上设置后的长度和角度单位格式。

"方向"按钮：单击"方向"按钮，系统弹出"方向控制"对话框，从中可以设置基准角度，如图 3-5 所示，单击"确定"按钮，返回"图形单位"对话框。

以上所有项目设置完成后单击"确定"按钮，确认文件的单位设置。

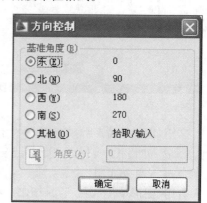

图 3-5 "方向控制"对话框

四、颜色设置

颜色的合理使用，可以充分体现设计效果，而且有利于图形的管理。例如在选择对象时，可通过过滤选中某种颜色的图线。设定图线的颜色有两种思路：直接指定颜色或将颜色设定成"随层"或"随块"。直接指定颜色有一定的缺陷性，不如使用图层来管理更方便，所以建议用户用"随层"方式在图层中管理颜色。

启用"颜色"命令有三种方法：

◇ 选择"格式"→"颜色"菜单命令。

◇ 单击"特性"工具栏中的"特性匹配"按钮。

◇ 输入命令：COLOR。

如果直接设定了颜色，不论该图线在什么层上，都不会改变颜色。启用"颜色"命令后，系统弹出如图 3-6 所示"选择颜色"对话框。选择颜色不仅可以直接在对应的颜色小方块上点取或双击，也可以在颜色文本框中键入英文单词或颜色的编号，在随后的小方块中会显示相应的颜色。另外通过"ByLager"、"ByBlock"按钮可以将颜色设定成"随层"或"随块"。

五、线型设置

线型是图样表达的关键要素之一，不同的线型表示了不同的含义。例如在机械图中，粗实线表示可见轮廓线，虚线表示不可见轮廓线，点画线表示中心线、轴线、对称线等。所以不同的元素应该采用不同的图线来绘制。有些绘图机上可以设置不同的线型，但一方面由于通过硬件设置比较麻烦，而且不灵活；另一方面，在屏幕上也需要直观显示出不同的线型。所以目前对线型的控制，基本上都由软件来完成。常用线型是预先设计好储存在线型库中的，所以我们只需加载即可。启用"线型"命令有三种方法：

◇ 选择"格式"→"线型"菜单命令。

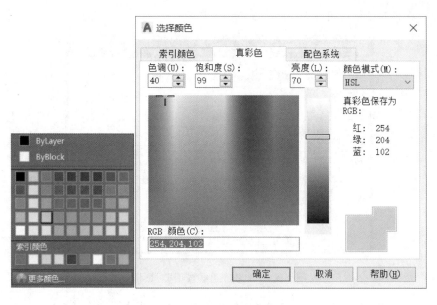

图 3-6 "选择颜色"对话框

◇ 单击"特征"工具栏中的"特性匹配"按钮 ━━━━ ByLayer ━━━━ 。
◇ 输入命令:LINETYPE。

启用"线型命令"后,系统弹出如图 3-7 所示"线型管理器"对话框。

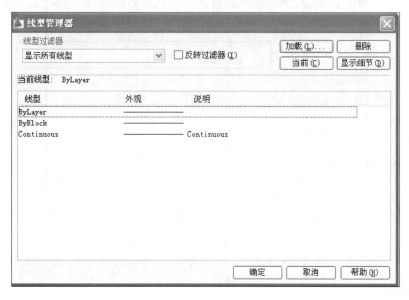

图 3-7 "线型管理器"对话框

在"线型管理器"对话框中,各选项的意义如下所示。
"线型过滤器"下拉列表框:过滤出列表显示的线型。
"反转过滤器"复选框:按照过滤条件反向过滤线型。
"加载"按钮:加载或重载指定的线型。单击该命令,系统弹出如图 3-8 所示"加载或重载线型"对话框。在该对话框中可以选择线型文件以及该文件中包含的某种线型。

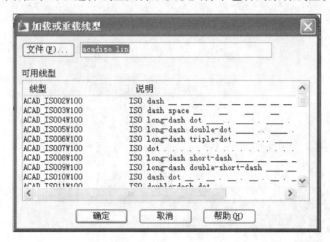

图 3-8 "加载或重载线型"对话框

"删除"按钮:删除指定的线型,该线型图样中没有使用。实线线型不可被删除。
"当前"按钮:将指定的线型设置成当前线型。
"显示细节"按钮:用于控制是否显示或隐藏选中的线型细节。如果当前没有显示细节,则为"显示细节",否则为"隐藏细节"按钮,如图 3-9 所示。

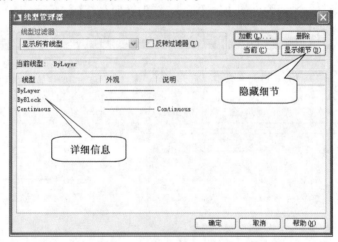

图 3-9 隐藏细节显示详细信息

在"详细信息区"选项组中,包括了选中线型的名称、线型、全局比例因子、当前对象缩放比例等。

六、线宽设置

不同的图线有不同的宽度要求,并且代表了不同的含义。例如在一般的建筑图中,就有四种线宽。

启用"线宽"命令有三种方法:
◇ 选择"格式"→"线宽"菜单命令。
◇ 单击"特性"工具栏中的"特性匹配"按钮。

◇ 输入命令:LINEWEIGHT。

启用"线宽"命令后,系统弹出如图 3-10 所示"线宽设置"对话框。

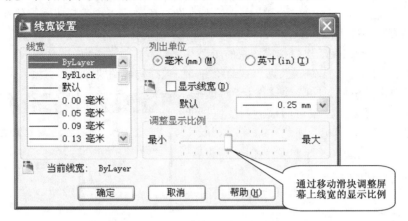

图 3-10 "线宽设置"对话框

七、创建图块

块,指一个或多个对象的集合,是一个整体即单一的对象。利用块可以简化绘图过程并可以系统地组织任务。例如一张装配图,可以分成若干个块,由不同的人员分别绘制,最后通过块的插入及更新形成装配图。

1. 定义图块

定义图块就是将图形中选定的一个或多个对象组合成一个整体,为其命名保存,并在以后使用过程中将它视为一个独立、完整的对象进行调用和编辑。定义图块时需要执行"Block"命令,用户可以通过以下方法调用该命令:

◇ 选择"绘图"→"块"→"创建"菜单命令。

◇ 单击"块"工具栏中的"创建"按钮。

◇ 输入命令:B(BLOCK)。

启用"块"命令后,系统弹出"块定义"对话框,如图 3-11 所示。在该对话框中可对图形进行块的定义,然后单击 确定 按钮就可以创建图块。

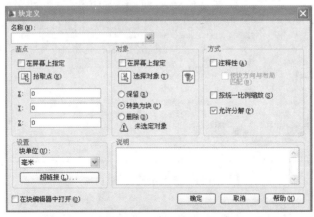

图 3-11 "块定义"对话框

在"块定义"对话框中各个选项的意义如下：

(1) 名称(N)：列表框：用于输入或选择图块的名称。

(2) "基点"选项组：用于确定图块插入基点的位置。用户可以输入插入基点的 X、Y、Z 坐标；也可以单击"拾取点"按钮，在绘图窗口中选取插入基点的位置。

(3) "对象"选项组：用于选择构成图块的图形对象。

选择对象按钮：单击该按钮，即可在绘图窗口中选择构成图块的图形对象。

按钮：单击该按钮，打开"快速选择"对话框，如图 3-12 所示。可以通过该对话框进行快速过滤来选择满足条件的实体目标。

保留(R)单选按钮：选择该选项，则在创建图块后，所选图形对象仍保留并且属性不变。

转换为块(C)单选按钮：选择该选项，则在创建图块后，所选图形对象转换为图块。

删除(D)单选按钮：选择该选项，则在创建图块后，所选图形对象将被删除。

(4) 设置选项组：用于指定块的设置。

块单位(U)：下拉列表框：用于指定块参照的插入单位。

超链接(L)...按钮：用于将某个超链接与块定义相关联，单击该按钮，弹出"插入超链接"对话框，如图 3-13 所示，可从列表或指定的路径，将超链接与块定义相关联。

在块编辑器中打开(O)复选框：用于在块编辑器中打开当前的块定义，主要用于创建动态块。

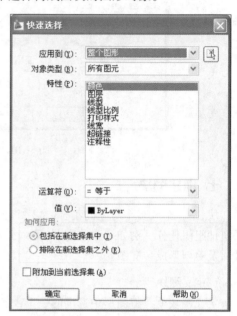

图 3-12 "快速选择"对话框

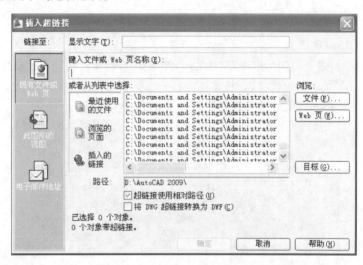

图 3-13 "插入超链接"对话框

(5) "方式"选项组：用于设置块的方式。

按统一比例缩放(S)复选框：用于指定块参照是否按统一比例缩放。

项目三 电气控制电路图的绘制

☑允许分解(P)复选框：用于指定块参照是否可以被分解。

"说明"文本框：用于输入图块的说明文字。

【例3.2】 通过定义块命令将图3-14所示的图形创建成块，名称为"三相电动机"。

操作步骤如下：

①单击工具栏中"创建块"按钮，弹出"块定义"对话框。

②在"块定义"对话框的"名称"列表框中输入图块的名称"三相电动机"。

③在"块定义"对话框中，单击"对象"选项组中的"选择对象"按钮，在绘图窗口中选择图形，此时图形以虚线显示，如图3-15所示，按【Enter】键确认。

④在"块定义"对话框中，单击"基点"选项组中的"拾取点"按钮，在绘图窗口中捕捉圆心作为图块的插入基点，如图3-16所示。

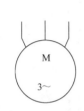
图3-14 三相电动机

图3-15 "选择图块对象"图形

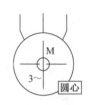
图3-16 拾取图块的插入基点

⑤单击 确定 按钮，即可创建"三相电动机"图块，如图3-17所示。

图3-17 创建完成后的"块定义"对话框

2. 写块

前面定义的图块，只能在当前图形文件中使用，如果需要在其他图形中使用已经定义的图块，如标题栏、图框以及一些通用的图形对象等，可以将图块以图形文件形式保存下来。这时，它就和一般图形文件没有什么区别，可以被打开、编辑，也可以以图块形式方便地插入到其他图形文件中。"保存图块"也就是我们通常所说的"写块"。

"写块"需要使用"WBLOCK"命令，启用命令后，系统将弹出如图3-18所示的"写块"对话框。

87

图 3-18 "写块"对话框

在"写块"对话框中各个选项的意义如下。

"源"选项组:用于选择图块和图形对象,将其保存为文件并为其指定插入点。

○块(B)单选按钮:用于从列表中选择要保存为图形文件的现有图块。

○整个图形(E)单选按钮:将当前图形作为一个图块,并作为一个图形文件保存。

⊙对象(O)单选按钮:用于从绘图窗口中选择构成图块的图形对象。

"目标"选项组:用于指定图块文件的名称、位置和插入图块时使用的测量单位。

文件名和路径(F):列表框:用于输入或选择图块文件的名称、保存位置。单击右侧的 按钮,弹出"浏览图形文件"对话框,即可指定图块的保存位置,并指定图块的名称。

设置完成后,单击 确定 按钮,将图形存储到指定的位置,在绘图过程中需要时调用即可。

> **小贴士**
> 利用"写块"命令创建的图块是 AutoCAD 2019 的一个 .dwg 文件,属于外部文件,它不会保留原图形未用的图层、线型等属性。

3. 插入块

在绘图过程中,若需要应用图块时,可以利用"插入块"命令将已创建的图块插入到当前图形中。在插入图块时,用户需要指定图块的名称、插入点、缩放比例和旋转角度等。

启用"插入块"命令有三种方法。

◇ 选择"插入"→"块"菜单命令。

◇ 单击"块"工具栏中的"插入"按钮 。

◇ 输入命令:I(INSERT)。

利用上述任意一种方法启用"插入块"命令,弹出"插入"对话框,如图 3-19 所示,从中即可指定要插入的图块名称与位置。

在"插入"对话框中各选项的意义如下。

① 名称(N)列表框:用于输入或选择需要插入的图块名称。

若需要使用外部文件(即利用"写块"命令创建的图块),可以单击 浏览(B) 按钮,在弹出的"选择图形文件"对话框选择相应的图块文件,单击 确定 按钮,即可将该文件中的图形作为块插入到当前图形。

② "插入点"选项组:用于指定块的插入点的位置。用户可以利用鼠标在绘图窗口中指定插入点的位置,也可以输入 X、Y、Z 坐标。

③ "比例"选项组:用于指定块的缩放比例。用户可以直接输入块的 X、Y、Z 方向的比例因子,也可以利用鼠标在绘图窗口中指定块的缩放比例。

④ "旋转"选项组:用于指定块的旋转角度。在插入块时,用户可以按照设置的角度旋转图块,也可以利用鼠标在绘图窗口中指定块的旋转角度。

⑤ 分解(D)复选框:若选择该选项,则插入的块不是一个整体,而是被分解为各个单独的图形对象。

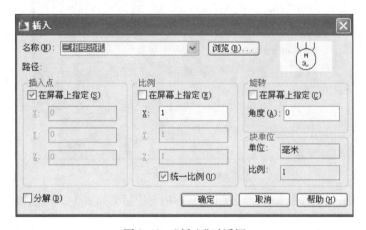

图 3-19 "插入"对话框

4. 分解图块

当在图形中使用块时,AutoCAD 2019 将块作为单个的对象处理,只能对整个块进行编辑。当用户需要编辑组成块中的某个对象时,需要将块的组成对象分解为单一个体。

将图块分解,有以下几种方法。

① 插入图块时,在"插入"对话框中,选择"分解"复选框,再单击 确定 按钮,插入的图形仍保持原来的形式,但可以对其中某个对象进行修改。

② 插入图块对象后,使用"分解"命令,单击工具栏中的 按钮,将图块分解为多个对象。分解后的对象将还原为原始的图层属性设置状态。如果分解带有属性的块,属性值将丢失,并重新显示其属性定义。

八、创建带属性的图块

图块属性是附加在图块上的文字信息,在 AutoCAD 2019 中经常利用图块属性来预定义文字的位置、内容或缺省值等。在插入图块时,输入不同的文字信息,可以使相同的图块表达不同的信息,如表面粗糙度就是利用图块属性设置的。

1. 创建与应用图块属性

定义带有属性的图块时,需要作为图块的图形与标记图块属性的信息,将这两个部分进行属性的定义后,再定义为图块即可。

启用"定义属性"命令有两种方法。

◇ 选择"绘图"→"块"→"定义属性"菜单命令。
◇ 输入命令:ATTDEF。

利用上述任意一种方法启用"定义属性"命令,弹出"属性定义"对话框,如图3-20所示,从中可以定义模式、属性标记、属性提示、属性值、插入点以及属性的文字选项等。

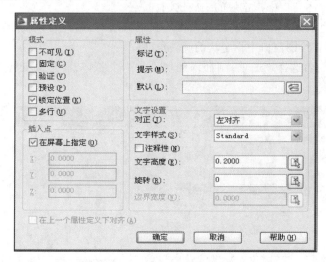

图 3-20 "属性定义"对话框

【例3.3】 创建带有属性的常闭开关图块,并把它应用到如图3-21所示的图形中。

图 3-21 带属性块图例

操作步骤如下:

①根据所绘制图形的大小,首先绘制一个电阻符号,如图3-21(a)所示。

②选择"绘图"→"块"→"定义属性"菜单命令,弹出"属性定义"对话框。

③在"属性"选项组的"标记"文本框中输入电阻参数值的标记"SB",在"提示"文本框中输入提示文字"常闭按钮",在"默认"文本框中输入参数值SB1,如图3-22所示。

④单击"属性定义"对话框中的 确定 按钮,在绘图窗口中指定属性的插入点,如图3-23所示。

⑤选择"绘图"→"块"→"创建"菜单命令,弹出"块定义"对话框,在"名称"文本框中输入块的名称"常闭开关",单击"选择对象"按钮,在绘图窗口选择如图3-23所示的图形,并右击,完成带属性块的创建,如图3-24所示。

图 3-22 属性定义　　　　　　　　图 3-23 完成属性定义

⑥单击"基点"选项组中的"拾取点"按钮,并在绘图窗口中选择下端点作为图块的基点,如图 3-25 所示。

图 3-24 完成"带属性块"的创建　　　　　　　　图 3-25 选择基点

⑦单击"块定义"对话框中的 确定 按钮,弹出"编辑属性"对话框,如图 3-26 所示,直接单击该对话框中的 确定 按钮即可。完成后图形效果如图 3-27 所示。

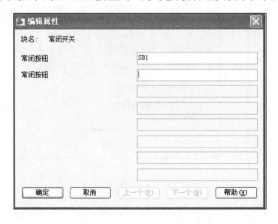

图 3-26 "编辑属性"对话框　　　　　　　　图 3-27 完成后图形效果

91

⑧选择"插入"→"块"菜单命令,弹出"插入"对话框,如图3-28所示,单击 确定 按钮,并在绘图窗口内相应的位置单击。

⑨在命令提示行输入参数值的大小即可。若直接按【Enter】键,则图形效果如图3-27所示,把这个块直接插入到图3-21中。重新插入块,在命令行中输入"SB2",如图3-29所示。把此时的块插入到图3-21的图中合适位置,完成整个图块的操作。

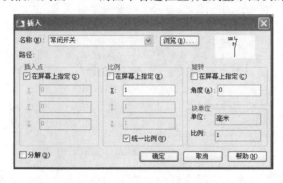

图3-28 插入带属性的块

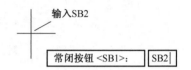

图3-29 输入属性值

2. 编辑图块属性

创建带有属性的块以后,用户可以对其属性进行编辑,如编辑属性标记、提示等,其操作步骤如下。

①直接双击带有属性的图块,弹出"增强属性编辑器"对话框,如图3-30所示。

②在"属性"选项卡中显示图块的属性,如标记、提示以及缺省值,此时用户可以在"值"数值框中修改图块属性的缺省值。

③单击"文字选项"选项卡,如图3-31所示,从中可以设置属性文字在图形中的显示方式,如文字样式、对正方式、文字高度、旋转角度等。

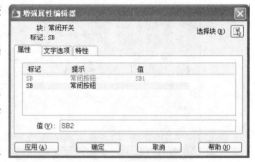

图3-30 增强属性编辑器

④单击"特性"选项卡,"增强属性编辑器"对话框显示如图3-32所示,从中可以定义图块属性所在的图层以及线型、颜色、线宽等。

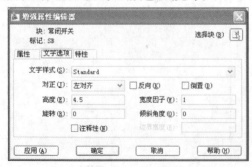

图3-31 "增强属性编辑器"文字选项

图3-32 "增强属性编辑器"特性

⑤设置完成后单击 应用(A) 按钮,即可修改图块属性;若单击 确定 按钮,也可修改图块属性并关闭对话框。

3. 使用"工具选项板"中的块

在 AutoCAD 2019 中,用户可以利用"工具选项板"窗口方便地使用螺钉、螺母、轴承等系统内置的机械零件块,具体操作步骤如下:

①单击"标准"工具栏中的"工具选项板"按钮,打开"工具选项板"窗口,如图 3-33(b)所示。

②单击"工具选项板"窗口中的"图案填充"选项卡,选中其右侧的"砖块"块,如图 3-33(a)所示。

③如果需要的话,通过输入 S 或 X、Y 或 Z,可设置插入块时的全局比例,或者块在 X、Y 或 Z 轴方向的比例。

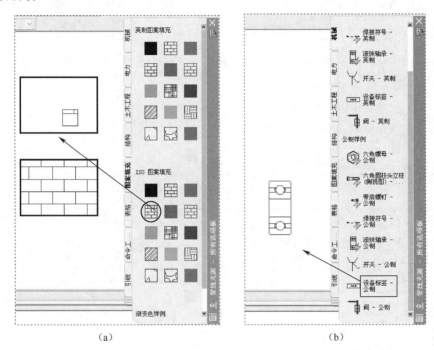

图 3-33 工具选项板

④在绘图区中单击,确定插入点位置,即可将块插入到该处,如图 3-33 所示。

4. 使用"设计中心"中的块

在 AutoCAD 中,"设计中心"为用户提供了一种管理图形的有效手段。使用"设计中心",用户可以很方便地重复利用和共享图形。

①浏览本地及网络中的图形文件,查看图形文件中的对象(如块、外部参照、图像、图层、文字样式、线型等),将这些对象插入、附着、复制和粘贴到当前图形中。

②在本地和网络驱动器上查找图形。例如,可以按照特定图层名称或上次保存图形的日期来搜索图形。

③打开图形文件,或者将图形文件以块方式插入到当前图形中。

④可以在大图标、小图标、列表和详细资料等显示方式之间切换。

使用"设计中心"面板插入块的具体操作步骤如下:

①单击"标准"工具栏中的"设计中心"工具,打开"设计中心"面板。

②打开"文件夹"选项卡,单击"设计中心"工具栏中的"主页"工具,可查看系统自带的块库,如图 3-34 所示。

③在"设计中心"面板中双击 Landscaping.dwg 文件,如图 3-35 所示,展开其内容列表,然后单击其中的"块",单击选中"树",并将其拖入到当前视图中,结果如图 3-36 所示。

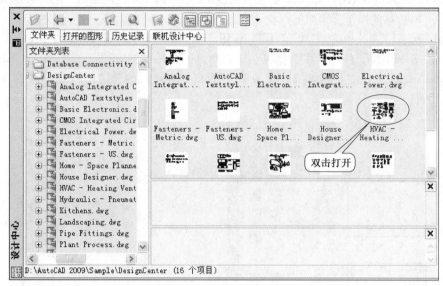

图 3-34 系统自带的块库

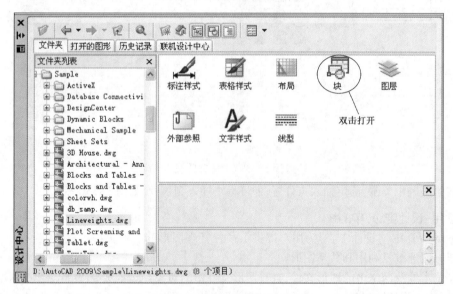

图 3-35 选择块库中的块

小贴士

用户可以利用"设计中心"窗口左窗格打开任意文件中任意 AutoCAD 图形文件,从而使用其中定义的块。

项目实施

对图 3-1 所示电路原理图进行分析后可知,本项目实施包含以下步骤:
①创建图形文件。
②设置图形单位与界限。

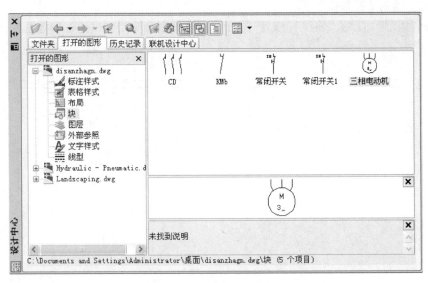

图 3-36　选择所需要的块

③创建图层,设置图层颜色、线型、线宽等。
④调用或绘制图框和标题栏。
⑤绘制图形。
⑥填写标题栏、明细表、技术要求等。

在进行绘制电路图时,一般采用垂直布置布局绘图,电器元件采用其对应电气图形符号和文字符号表示,且可动部分以不工作的状态和位置的形式表示。例如,常开按钮在绘制时保持打开状态,常闭按钮在绘制时保持闭合状态。在线路线型选择上,因为主电路是强电流通过的部分,一般用粗实线绘制;控制电路、信号指示电路和保护电路是弱电流通过部分,一般用细实线绘制。在进行文字标注时,多个同种类的电器元件,可在文字符号后加上数字序号加以区分,如图 3-1 中所示 SB1、SB2、SB3 等。

步骤一　创建项目图形文件

选择"开始"→"程序"→"Autodesk"→"AutoCAD 2019 中文版"→"AutoCAD 2019"进入 AutoCAD 2019 中文版绘图主界面。

步骤二　设置图形界限

根据图形的大小和 1∶1 作图原则,设置图形界限为 297×210 横放,即标准图纸 A4。

(1)设置图形界限

命令:limits。

选择"格式"→"图形界限"菜单命令。

重新设置模型空间界限:在命令行输入"0,0",按【Enter】键,输入"297,210",按【Enter】键。

(2)显示图形界限

设置了图形界限后,一定要通过显示缩放命令将整个图形范围显示成当前的屏幕大小。最简捷的方法就是单击缩放工具栏中的"全部缩放"按钮即可。

步骤三　设置图层

由于本图例线形少,因此不用设置图层。

视　频

A4图幅

步骤四　绘制边框和标题栏

用绘制"矩形""直线""偏移""修剪""多行文字"等命令先绘制出边框和标题栏,如图3-37所示。

视　频

绘制标题栏

视　频

标题栏
添加文字

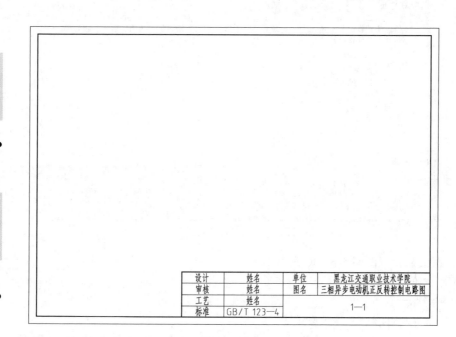

图3-37　A4图幅

(1) 绘制线框

①单击"矩形"按钮,输入数值"297,210",按【Enter】键。

②单击"偏移"按钮,输入偏移距离5,按【Enter】键。

③单击矩形框,鼠标左键单击矩形框内任一点。

④双击矩形外边框,单击输入线型的宽度,输入新宽度0.25。

⑤双击矩形内边框,单击输入线型的宽度,输入新宽度0.5。

(2) 绘制标题栏

①单击"矩形"按钮,捕捉内框右下角画180×32矩形的标题栏外框,如图3-38所示。

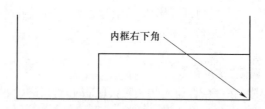

图3-38　标题栏绘制(a)

②选中整个标题框,单击"分解"按钮,分解矩形框,如图3-39所示。

③单击"偏移"按钮,输入偏移距离8,选择标题框上边,按【Enter】键。分别向下单击三次,如图3-40所示。

④单击"偏移"按钮,输入偏移距离30,选择标题框左边,按【Enter】键。向右单击一次。依次

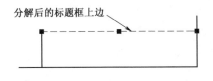

图 3-39　标题栏绘制（b）

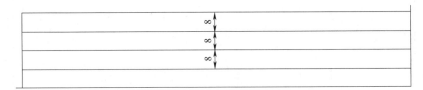

图 3-40　标题栏绘制（c）

向右边分别偏移 40、30，如图 3-41 所示。

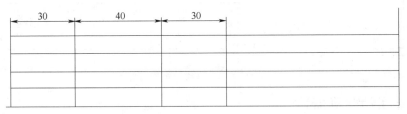

图 3-41　标题栏绘制（d）

⑤单击"修剪"按钮，选中整个标题栏，按【Enter】键，单击要修剪的多余线条，完成标题栏的绘制，如图 3-42 所示。

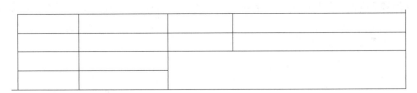

图 3-42　标题栏绘制（e）

（3）输入文字

单击多行文字按钮，在对应位置上放置文本，样式选择"Standard"，字体为"总体"，字符高度为 4.5，输入文本。

步骤五　绘制电路的线路结构图

打开"正交模式"和"对象捕捉追踪"模式，单击"直线"命令、"偏移"命令画出一系列水平线和垂直线，以及用以预留元器件位置的辅助水平线；用矩形命令画出右侧控制线路中代表线圈的矩形线圈 KM1、KM2，左侧代表 FR 的线圈；最后用修剪命令将辅助线之间的多余线段、矩形中的多余线段去除，再删除所有辅助线，即可得到如图 3-43 所示的线路结构图。

步骤六　绘制元器件图块

经过分析，该电路图由以下元器件组成：

电源开关 QK1 个；常开辅助触点 KM1、KM2 各一个；常闭辅助触点 KM1、KM2 各一个；主触点 KM1、KM2 各一个；按钮 SB1、SB2、SB3 各一个；线圈 KM1、KM2 各一个；FR 常闭触点一个；三相电动机一个；线圈 FR 一个。

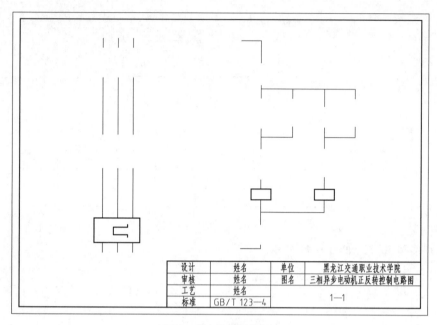

图 3-43 线路结构图

1. 绘制三相异步电动机符号

绘制步骤如下：

①单击直线，绘制三条长度为 50 mm 的线，如图 3-44(a)所示。

②单击"圆"按钮，在交叉点处绘制半径值为 30 的圆，如图 3-44(b)所示。

③单击"偏移"按钮，输入距离 20，选中竖直直线，左右单击一次，如图 3-44(c)所示。

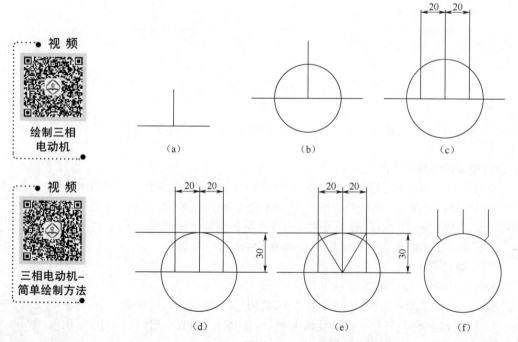

图 3-44 三相电动机的绘制

④单击"偏移"按钮,输入距离30,选中水平直线,向上点一次,如图3-44(d)所示。
⑤单击"直线"按钮,连接圆心与直线的交点,如图3-44(e)所示。
⑥单击"修剪"按钮,删除多余线段,如图3-44(f)所示。
⑦创建成块,命名为三相电动机。

2. 绘制常开按钮符号

操作步骤如下:
①单击"直线"按钮,绘制十字线,横竖线段长度均为80,如图3-45(a)所示。
②单击"偏移"按钮,输入20,按【Enter】键,单击要偏移的水平直线,单击水平直线上方,再选中水平直线,单击水平直线下方,如图3-45(b)所示。
③单击"偏移"按钮,输入15,按【Enter】键,单击竖直直线,单击左侧,如图3-45(c)所示。
④单击"直线"按钮,绘制斜线,删除下水平线,如图3-45(d)所示。
⑤单击"偏移"按钮,输入23,按【Enter】键,单击竖直直线,单击"左侧"按钮;单击"偏移"按钮,输入30,按【Enter】键,单击竖直直线,单击左侧;单击"偏移"按钮,输入10,按【Enter】键,单击要偏移的水平直线下方,单击水平直线上方,再选中水平直线,单击水平直线下方,如图3-45(e)所示。
⑥单击"修剪"按钮,删去多余线段,如图3-45(f)所示。
⑦将当前线型设置为 ━ ━ DASHED2,修改直线线型,如图3-45(g)所示。
⑧创建成块,命名为常开按钮。

视频
常开按钮绘制

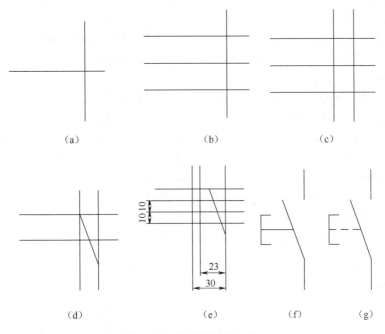

图3-45 常开按钮的绘制

3. 绘制常闭按钮符号

常闭按钮可以通过对常开按钮进行修改得到,操作步骤如下:
①单击"分解"按钮,选中"常开按钮"图块,按【Enter】键,将图块进行分解。
②单击"镜像"按钮,选中按钮斜线,按【Enter】键,以按钮下端竖线的两个端点为指定镜像线

的两个端点,按【Enter】键,如图3-46(a)所示。

③在命令行输入Y,选择删除原对象,如图3-46(b)所示。

④单击"直线"按钮,连接斜线与上竖线,再画出一条辅助线,如图3-46(c)所示。

⑤单击"延伸"按钮,单击横虚线以及斜线,按【Enter】键,单击横虚线,完成延伸;同样延伸斜线到辅助线,如图3-46(d)所示。

⑥删除多余线条,创建成块,命名为常闭按钮,如图3-46(e)所示。

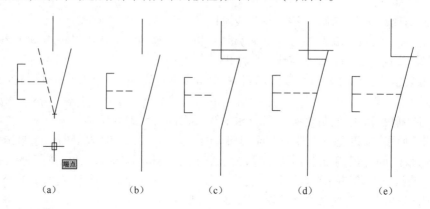

图3-46 常闭按钮的绘制

4. 绘制三相电源开关

绘制步骤如下:

①单击"直线"按钮,绘制长度为100的中点垂直相交的两条直线,如图3-47(a)所示。

②单击"偏移"按钮,输入距离20,选中水平直线,按【Enter】键,单击水平直线上方,再选中水平直线,单击水平直线下方,如图3-47(b)所示。

③单击"偏移"按钮,输入距离15,选中竖直直线,按【Enter】键,单击竖直直线左方,再选中竖直直线,单击竖直直线右方,单击"偏移"按钮,输入距离"30",按【Enter】键,选中竖直直线,单击水平直线左侧,再选中竖直直线,单击竖直直线右侧。单击"偏移"按钮,输入距离45,按【Enter】键选中竖直直线,单击竖直直线右侧,如图3-47(c)所示。

④单击"直线"按钮,绘制三条斜线,如图3-47(d)所示。

⑤剪掉及删除多余线段,如图3-47(e)所示。

⑥将当前线型设置为 ,选中横线,将直线线型改为 ━━ DASHED2,如图3-47(f)所示。将图形定义成块,命名为三相电源开关。

5. 绘制KM主触点

绘制步骤如下:

①单击"直线"按钮,绘制长度为80垂直相交的两条直线,如图3-48(a)所示。

②单击"偏移"按钮,输入20,按【Enter】键,单击水平直线,单击水平直线上方,再选中水平直线单击水平直线下方,如图3-48(b)所示。

③单击"偏移"按钮,输入15,按【Enter】键,单击竖直直线,单击左侧,如图3-48(c)所示。

④单击"直线"按钮,绘制斜线,删除下部水平线,如图3-48(d)所示。

⑤单击"偏移"按钮,输入距离2,向下偏移上部水平线,如图3-48(e)所示。

⑥单击"圆"按钮,绘制半径值为2的圆,如图3-48(f)所示。

项目三　电气控制电路图的绘制

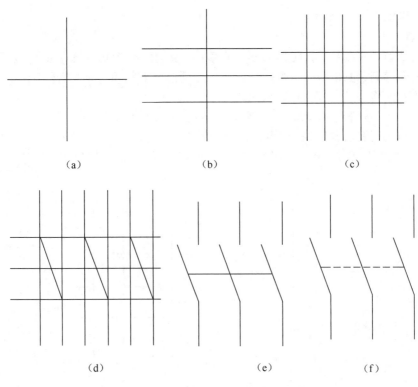

图 3-47　三相电源开关符号的绘制

⑦单击"修剪"命令，删除多余线段，如图 3-48(g)所示；定义为块，块名为 KM 主触点。

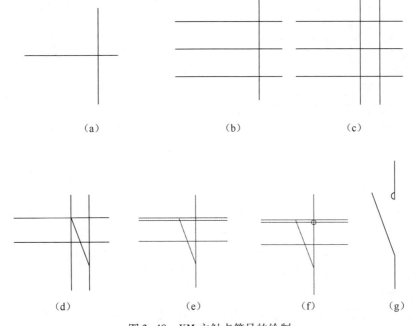

KM 主触点

图 3-48　KM 主触点符号的绘制

6. 绘制 FR 触点

绘制步骤如下：

①单击"直线"按钮，绘制长度为 80 的中点垂直相交的两条直线，如图 3-49(a)所示。

②单击"偏移"按钮，以横线为偏移对象，上下分别偏移 4、12、20，向上偏移 25；以竖线为偏移对象，分别左右偏移 15，再向左偏移 25，如图 3-49(b)所示。

③单击"直线"按钮，绘制斜线，将斜线延伸至最上端水平线，如图 3-49(c)所示。

④单击"修剪"按钮，删除多余线段，如图 3-49(d)所示。

⑤将横线线型改为 ── ── DASHED2，如图 3-49(e)所示；定义成块，命名为 FR 触点。

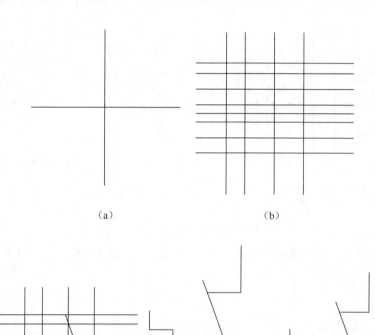

图 3-49 FR 触点的绘制

步骤七　插入图块

根据电路图要求，在结构图中插入刚才创建的图块，尺寸不合适可以使用缩放功能来调整块的大小，利用对象捕捉追踪和对象捕捉功能精确插入。

步骤八　添加文字和注释

单击"多行文字"按钮，设置字体为宋体，字符高度为 4，单击"确定"按钮，按【Enter】键。输入相应文字，用移动命令调整文字位置，完成电路图 3-1 的绘制。

 项目评价

项目三评价表见表3-1。

表3-1 项目三评价表

项目名称				完成日期	月 日
班 级		小 组		姓 名	
学 号			组长签字		
评价项点		分值	自我评价	组内互评	教师评价
1. 图形界限设置		10			
2. 图形单位设置		10			
3. 颜色设置		10			
4. 线型设置		10			
5. 线宽设置		10			
6. 创建图块		10			
7. 创建带属性的图块		10			
8. 对各种操作的理解		10			
9. 任务完成质量		10			
10. 合作精神		10			
总 分					
自我总结					
教师评语					

技能练习与提高

1. 创建如图3-50所示工厂低压系统图的元器件图块。
2. 完成图3-50的表格绘制。
3. 完成图3-50的绘制。

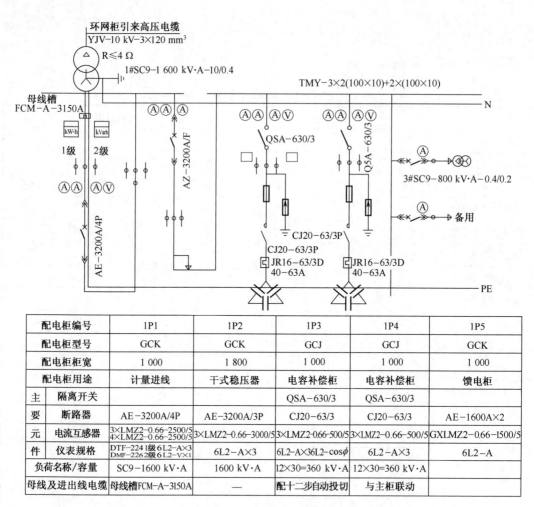

图 3-50 工厂低压系统

项目四　电气接线图的绘制

项目目标

【知识目标】

1. 掌握绘图界限的设置方法,养成绘制图形前首先设置绘图界限的好习惯。
2. 熟练运用单位、颜色、线型、线宽、草图设置等功能。
3. 重点掌握图层的设置方法及在实际绘图过程中的应用。
4. 掌握电气元件绘制步骤。
5. 掌握电路原理图的绘制。

【能力目标】

1. 会尺寸标注的方法。
2. 会图案填充的方法。
3. 能绘制建筑平面图。
4. 能绘制供配电系统常用元器件。
5. 能设置不同图层。
6. 会打印图纸的方法。

【素质目标】

1. 养成严谨的工作作风。
2. 培养爱岗敬业精神。

项目描述

电气接线图主要提供的是电气系统的线路走向、能量流向、设备连接、设备或元器件型号、线路功能等系统信息,布局讲究均匀和对称,重复图块较多,因此该类图纸的绘制过程中使用最多的是复制、偏移、缩放工具,并结合对象追踪、正交模式来保证线路的对称和均匀。

【项目实施要求】

本项目要求学生具有团队合作的精神,树立职业道德意识,并按照企业的质量管理体系标准去学习和工作。

项目实施步骤如下:

①教师布置要完成的项目。

②教师组织实施教学,将学生分成4~6人一个学习小组,以小组的形式组织项目讨论、查找与项目相关的学习资源、研究学习计划、实施任务教学。

③教师全程关注每一个小组的学习进度,提出引导性意见,培养学生的反思习惯和决断力。

④完成项目后,以小组为单位进行总结汇报或实作演示,学生进行自我评分及互相评分,给出学习的评定成绩,教师根据对学生测试检查或成果展示情况给出评分。

【项目图示】

牵引变电所 10 kV 所用变主接线图,如图 4-1 所示。

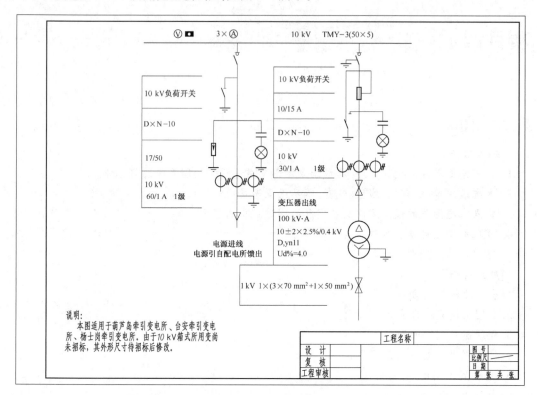

图 4-1　牵引变电所 10 kV 所用变主接线图

【项目准备】

①每位同学配备一台计算机。

②每台计算机上均安装 AutoCAD 2019 软件。

相关知识

一、图层设置

层,是一种逻辑概念。例如,设计一幢大楼,包含了楼房的结构、水暖布置、电气布置等,它们有各自的设计图,而最终又是合在一起。在这里,结构图、水暖图、电气图都是一个逻辑意义上的层。又如,在机械图中,粗实线、细实线、点画线、虚线等不同线型表示了不同的含义,也可以是在不同的层上。对于尺寸、文字、辅助线等,都可以放置在不同的层上。

在 AutoCAD 中,每个层可以看成是一张透明的纸,可以在不同的"纸"上绘图。不同的层叠加在一起,形成最后的图形,图 4-2 所示为图层与图形之间的关系。

层有一些特殊的性质。例如,可以设定该层是否显示,是否允许编辑,是否输出等。如果要改变粗实线的颜色,可以将其他图层关闭,仅打开粗实线层,一次选定所有的图线进行修改。这样做显然比在大量的图线中将粗实线挑选出来轻松得多。在图层中可以设定每层的颜色、线型、线宽。只要将图线的相关特性设定成"随层",图线都将具有所属层的特性。

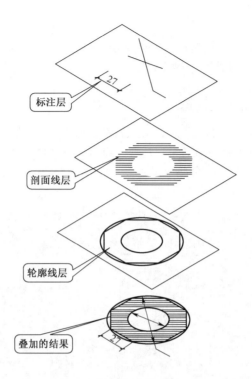

图 4-2　层之间的关系

对图层的管理、设置工作大部分是在"图层特性管理器"对话框中完成的，如图 4-3 所示。

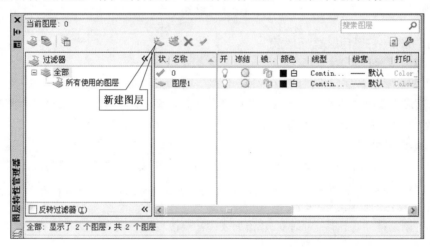

图 4-3　"图层特性管理器"对话框

该对话框可以显示图层的列表及其特性设置，也可以添加、删除重命名图层，修改图层特性或添加说明。图层过滤器用于控制在列表中显示哪些图层，还可以对多个图层进行修改。

打开"图层特性管理器"对话框有三种方法。

◇ 选择"格式"→"图层"菜单命令。

◇ 单击"图层"工具栏中的"图层特性"按钮。

◇ 输入命令：LAYER。

1. 创建图层

用户在使用"图层"功能时,首先要创建图层,然后再进行应用。在同一工程图样中,用户可以建立多个图层。创建"图层"的步骤如下:

①单击"图层"工具栏中的"图层特性"按钮 ,打开"图层特性管理器"对话框。

②单击图4-3所示"图层特性管理器"对话框中的"新建图层"按钮 。

③系统将在新建图层列表中添加新图层,其默认名称为"图层1",并且高亮显示,此时可直接在名称栏中输入图层的名称,按【Enter】键,即可确定新图层的名称,如图4-4所示。

④使用相同的方法可以建立更多的图层。最后单击"确定"按钮,退出"图层特性管理器"对话框。

图4-4 新建图层

2. 设置"图层"的颜色、线型和线宽

(1) 设置"图层"颜色

图层的默认颜色为"白色",为了区别每个图层,应该为每个图层设置不同的颜色。在绘制图形时,可以通过设置图层的颜色来区分不同种类的图形对象;在打印图形时,可以对某种颜色指定一种线宽,则此颜色所有的图形对象都会以同一线宽进行打印,用颜色代表线宽可以减少存储量、提高显示效率。

AutoCAD 2019系统中提供了256种颜色,通常在设置图层的颜色时,都会采用7种标准颜色:红色、黄色、绿色、青色、蓝色、紫色以及白色。这7种颜色区别较大又有名称,便于识别和调用。设置图层颜色的操作步骤如下:

①打开"图层特性管理器"对话框,单击列表中需要改变颜色的图层上的图标 ,弹出"选择颜色"对话框,如图4-5所示。

②从颜色列表中选择适合的颜色,此时"颜色"选项的文本框将显示颜色的名称,如图4-5所示。

③单击"确定"按钮,返回"图层特性管理器"对话框,在图层列表中会显示新设置的颜色,如图4-4所示,可以使用相同的方法设置其他图层的颜色。单击"确定"按钮,所有在这个"图层"上绘制的图形都会以设置的颜色来显示。

(2) 设置"图层线型"

"图层线型"用来表示图层中图形线条的特性,通过设置图层的线型可以区分不同对象所代表的含义和作用,默认的线型方式为"Continuous"。

图 4-5 "选择颜色"对话框

(3)设置"图层线宽"

"图层线宽"设置会应用到此图层的所有图形对象,并且用户可以在绘图窗口中选择显示或不显示线宽。设置"图层线宽"可以直接用于打印图纸。步骤如下:

①设置"图层线宽"。打开"图层特性管理器"对话框,在列表中单击"线宽"栏的图标 ——默认,弹出"线宽"对话框,在线宽列表中选择需要的线宽,如图 4-6 所示。单击"确定"按钮,返回"图层特性管理器"对话框。图层列表将显示新设置的线宽,单击"确定"按钮,确认图层设置。

图 4-6 "线宽"对话框

②显示图层的线宽。单击状态栏中的线宽按钮,可以切换屏幕中线宽显示。当按钮处于凸起状态时,则不显示线宽;当处于凹下状态时,则显示线宽。

> **小贴士**
> 　　在电气工程图样中,粗实线一般为 0.3 mm,细实线一般为 0.18～0.25 mm,用户可以根据图纸的大小来确定。通常在 A4 图纸中,粗实线可以设置为 0.3 mm,细实线可以设置为 0.18 mm;在 A0 图纸中,粗实线可以设置为 0.6 mm,细实线可以设置为 0.25 mm。

3. 控制图层显示状态

如果工程图样中包含大量信息且有很多图层,则用户可通过控制图层状态,使编辑、绘制、观察等工作变得更方便一些。图层状态主要包括打开与关闭、冻结与解冻、锁定与解锁、打印与不打印等,AutoCAD 采用不同形式的图标来表示这些状态。

(1) 打开/关闭

处于打开状态的图层是可见的,而处于关闭状态的图层是不可见的,也不能被编辑或打印。当图形重新生成时,被关闭的图层将一起被生成。打开或关闭图层,有以下两种方法:

利用"图层特性管理器"对话框。单击"对象特征"工具栏中的"图层特性管理器"按钮,打开"图层特性管理器"对话框,在该对话框的"图层"列表中单击该图层的灯泡图标或,即可切换图层的"打开/关闭"状态。如果关闭的图层是当前图层,系统将弹出"AutoCAD"提示框,如图 4-7 所示。

利用图层工具栏打开或关闭图层。单击"图层"工具栏中的图层列表,当列表中弹出图层信息时,单击灯泡图标或,就可以实现图层的打开或关闭,如图 4-8 所示。

图 4-7 "AutoCAD"提示框

图 4-8 "打开/关闭"状态

(2) 冻结/解冻

冻结图层可以减少复杂图形重新生成时的显示时间,并且可以加快绘图、缩放、编辑等命令的执行速度。处于冻结状态的图层上的图形对象将不能被显示、打印或重生成。解冻图层将重生成并显示该图层上的图形对象。冻结或解冻图层,有以下两种方法:

①利用"图层特性管理器"对话框。单击"对象特征"工具栏中的"图层特性管理器"按钮,打开"图层特性管理器"对话框,在该对话框中的"图层"列表中单击图标或,即可切换图层的"冻结/解冻"状态。但是当前图层是不能被冻结的。

③利用"图层"工具栏。单击"图层"工具栏中的图层列表,当列表中弹出图层信息时,单击图标或即可,如图 4-9 所示。

(3) 锁定/解锁

通过锁定图层,使图层中的对象不能被编辑和选择。但被锁定的图层是可见的,并且可以查看、捕捉此图层上的对象,还可在此图层上绘制新的图形对象。解锁图层是将图层恢复为可编辑和选择的状态。

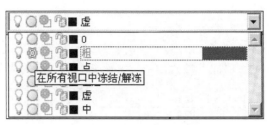

图 4-9 "冻结/解冻"状态

锁定或解锁图层有以下两种方法：

①利用"图层特性管理器"对话框。单击"对象特征"工具栏中的"图层特性管理器"按钮，打开"图层特性管理器"对话框，在该对话框中的"图层"列表中，单击图标或，即可切换图层的锁定或解锁状态。

②利用"图层"工具栏。单击"图层"工具栏中的图层列表，当列表中弹出图层信息时，单击图标或即可，如图 4-10 所示。

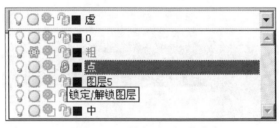

图 4-10 "锁定/解锁"状态

(4) 打印/不打印

当指定某层不打印后，该图层上的对象仍是可见的。图层的打印设置只对图形中可见的图层（即图层是打开的并且是解冻的）有效。若图层设为可打印但该层是冻结的或关闭的，此时 AutoCAD 将不打印该图层。

设置"打印/不打印"图层的方法是单击"对象特征"工具栏中的"图层特性管理器"按钮，打开"图层特性管理器"对话框，在该对话框中的"图层"列表中，单击图标或，即可切换图层的打印/不打印状态，如图 4-11 所示。

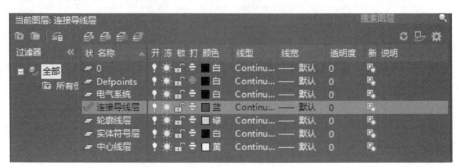

图 4-11 打印/不打印状态

4. 设置当前图层

当需要在某个图层上绘制图形时，必须先使该图层成为当前层。系统默认的当前层为"0"图层。

111

(1) 设置现有图层为当前图层

设置现有图层为当前图层有两种方法：

①利用图层工具栏。在绘图窗口中不选择任何图形对象，在图层工具栏中的下拉列表中直接选择要设置为当前图层的图层即可，如图4-12所示，把"点"层设为当前图层。

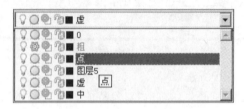

图4-12　设置当前图层

②利用"图层特性管理器"对话框。打开"图层特性管理器"对话框，在图层列表中单击选择要设置为当前图层的图层，然后双击状态栏中的图标，或单击"置为当前"按钮，使状态栏的图标变为当前图层图标，如图4-13所示。单击"确定"按钮，退出对话框，在图层工具栏下拉列表中会显示当前图层的设置。

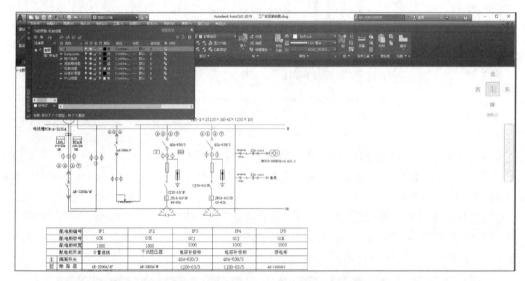

图4-13　利用"图层特性管理器"设置当前图层

(2) 设置对象图层为当前图层

在绘图窗口中，选择已经设置图层的对象，然后在"图层"工具栏中单击"将对象的图层置为当前"按钮，则该对象所在图层即可成为当前图层。

(3) 返回上一个图层

在"图层"工具栏中，单击"上一个图层"按钮，系统会按照设置的顺序，自动重置上一次设置为当前的图层。

5. 删除指定的图层

在AutoCAD中，为了减少图形所占空间，可以删除不使用的图层。其具体操作步骤如下：

①单击"图层"工具栏中的"图层特性"按钮，打开"图层特性管理器"对话框，如图4-14所示。

②在"图层特性管理器"对话框中的图层列表中选择要删除的图层,单击"删除图层"按钮,或按键盘上的【Delete】键。

图 4-14　删除图层设置

> **小贴士**
> 　　系统默认的图层"0"、包含图形对象的层、当前图层以及使用外部参照的图层是不能被删除的。

6. 重新设置图层的名称

设置图层的名称,将有助于用户对图层的管理。系统提供的图层名称默认为"图层1""图层2""图层3"等,用户可以对这些图层,进行重新命名,其具体操作步骤如下:

①单击"图层"工具栏中的"图层特性"按钮,打开"图层特性管理器"对话框。

②在"图层特性管理器"对话框的列表中,选择需要重新命名的图层。

③单击图层的名称,使之变为文本编辑状态,输入新的名称,按【Enter】键,即可为图层重新设置名称,如图 4-15 所示。

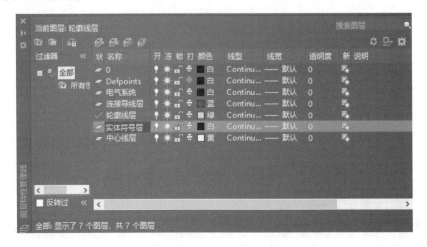

图 4-15　重新命名的图层

二、图案填充

1. 图案填充命令

启用"图案填充"命令有三种方法。

◇ 选择"绘图"→"图案填充"菜单命令。

◇ 单击"绘图"工具栏中的"图案填充"按钮。

◇ 输入命令:BH(BHATCH)。

启用"图案填充"命令后,单击选项工具栏右下角 ⊻ 系统将弹出如图4-16所示"图案填充和渐变色"对话框。

(1) 选择图案填充区域

在图4-16所示的"图案填充和渐变色"对话框中,右侧排列的"按钮"与"选项"用于选择图案填充的区域。这些按钮与选项的位置是固定的,无论选择那个选项卡都可以发生作用。

在"图案填充和渐变色"对话框中,各选项组的意义如下:

图4-16 "图案填充和渐变色"对话框

①"边界"选项组。该选项组中可以选择"图案填充"的区域方式。其各个选项的意义如下。

"添加:拾取点"按钮 ⊞ :用于根据图中现有的对象自动确定填充区域的边界,该方式要求这些对象必须构成一个闭合区域。单击该按钮,系统提示拾取一个点,此时就可以在闭合区域内单击,进行图案填充,如图4-17所示。

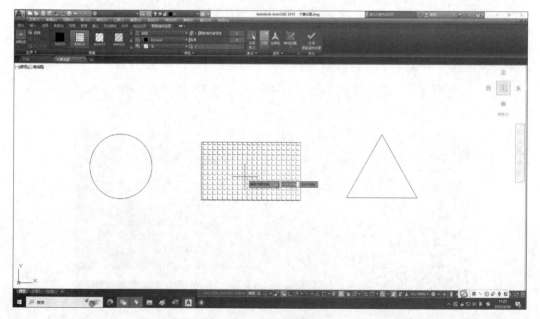

图4-17 添加拾取点

选择按钮,根据形成封闭区域的选定对象确定图案填充边界,如图 4-18 所示。单击"选择按钮"按钮,框选所有图形,按【Enter】键,可完成选中图形的图案填充,如图 4-19 所示。

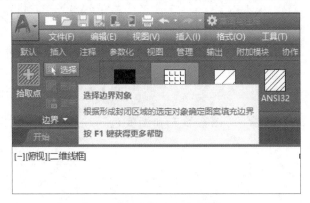

图 4-18　图案填充选择按钮

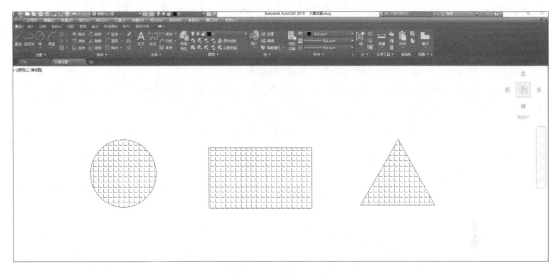

图 4-19　填充效果

边界下拉菜单分为不保留边界和使用当前视口两种,如图 4-20 所示。系统不会自动检测内部对象,如图 4-21 所示。

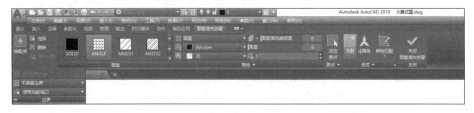

图 4-20　边界

"删除边界"按钮:用于从边界定义中删除以前添加的任何对象,如图 4-22 所示。

拾取内部点,按【Enter】键,返回"图案填充和渐变色"对话框,单击"删除边界"按钮。单击选择圆 B,如图 4-23(b)所示,单击选择圆 C,如图 4-23(b)所示。

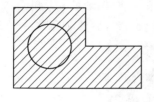
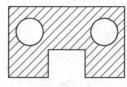
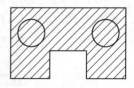

图 4-21 填充效果　　　　　图 4-22 删除图案填充边界
　　　　　　　　　　　　(a) 删除边界前　　(b) 删除边界后

选择对象,按【Enter】键,返回"图案填充和渐变色"对话框,单击"确定"按钮。结果如图 4-23(c)所示。

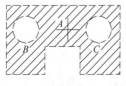
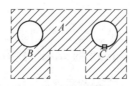
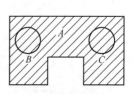

(a) 拾取点　　　　(b) 选择删除边界　　　(c) 删除边界后

图 4-23 删除边界过程

"重新创建边界"按钮：围绕选定的图形边界或填充对象创建多段线或面域,并使其与图案填充对象相关联(可选)。如果未定义图案填充,则此选项不可选用。

"查看选择集"按钮：单击查看选择集按钮选项,系统将显示当前选择的填充边界。如果未定义边界,则此选项不可选用。

②"选项"选项组：

"关联"选项：用于创建关联图案填充。关联图案是指图案与边界相链接,当用户修改边界时,填充图案将自动更新。

"创建独立的图案填充"选项：用于控制当指定了几个独立的闭合边界时,是创建单个图案填充对象,还是创建多个图案填充对象。

"绘图顺序"选项：用于指定图案填充的绘图顺序,图案填充可以放在所有其他对象之后、所有其他对象之前、图案填充边界之后或图案填充边界之前。

"继承特性"按钮：用于将指定图案的填充特性填充到指定的边界。单击"继承特性"按钮,并选择某个已绘制的图案,系统即可将该图案的特性填充到当前填充区域中。

(2) 选择图案样式

在"图案填充"选项卡中,"类型和图案"选项组可以选择图案填充的样式。"图案"下拉列表用于选择图案的样式,如图 4-24 所示,所选择的样式将在其下的"样例"显示框中显示出来,用户需要时可以通过滚动条来选取自己所需要的样式。

单击"图案"下拉列表框右侧的按钮或单击"样例"显示框,弹出"填充图案选项板"的对话框,如图 4-25 所示,列出了所有预定义图案的预览图像。

在"填充图案选项板"对话框中,各个选项的意义如下：

"ANSI"选项：用于显示系统附带的所有 ANSI 标准图案,如图 4-26 所示。

"ISO"选项：用于显示系统附带的所有 ISO 标准图案,如图 4-27 所示。

"其他预定义"选项：用于显示所有其他样式的图案,如图 4-24 所示。

图 4-24 选择图案样式

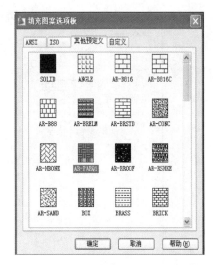

图 4-25 "填充图案选项板"对话框

"自定义"选项:用于显示所有已添加的自定义图案。

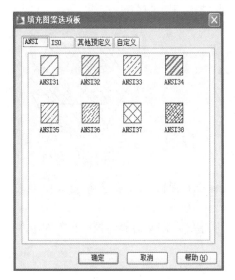

图 4-26 ANSI 选项

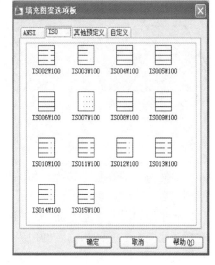

图 4-27 ISO 选项

(3) 孤岛的控制

在"图案填充和渐变色"对话框中,单击"更多"选项按钮 ⊙,展开其他选项,可以控制"孤岛"的样式,此时对话框如图 4-28 所示。

① "孤岛"选项组。在"孤岛"选项组中,各选项的意义如下:

"孤岛检测普通"选项:控制是否检测内部闭合边界。

"普通"选项:从外部边界向内填充。如果系统遇到一个内部孤岛,它将停止进行图案填充,直到遇到另一个孤岛,其填充效果如图 4-29 所示。

"外部"选项:从外部边界向内填充。如果系统遇到内部孤岛,它将停止进行图案填充。此选项只对结构的最外层进行图案填充,而图案内部保留空白,其填充效果如图 4-30 所示。

"忽略"选项:忽略所有内部对象,填充图案时将通过这些对象,其填充效果如图 4-31 所示。

图 4-28 "图案填充和渐变色"对话框展开后的样式

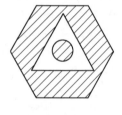　　　　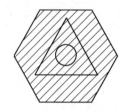

图 4-29　普通　　　　　　图 4-30　外部　　　　　　图 4-31　忽略

②"边界保留"选项组。"边界保留"选项组指是否将边界保留为对象,并确定应用于这些对象的对象类型。

③"边界集"选项组。"边界集"选项组用于定义当从指定点定义边界时要分析的对象集。当使用"选择对象"定义边界时,选定的边界集无效。

"新建按钮　":提示用户选择用来定义边界集的对象。

④"允许的间隙"选项组。在"允许的间隙"选项组中,设置将对象用作图案填充边界时可以忽略的最大间隙。默认值为0,此值指定对象必须是封闭区域而没有间隙。

"公差"文本框:按图形单位输入一个值(从 0 到 700),以设置将对象用作图案填充边界时可以忽略的最大间隙。任何小于或等于指定值的间隙都将被忽略,并将边界视为封闭。

⑤"继承选项"选项组。在"继承选项"选项组中,使用该选项创建图案填充时,这些设置将控制图案填充原点的位置。

"使用当前原点":使用当前的图案填充原点的设置。

"使用源图案填充的原点":使用源图案填充的图案填充原点。

(4) 选择图案的角度与比例

在"图案填充"选项卡中,"角度和比例"可以定义图案填充角度和比例。"角度"下拉列表框用于选择预定义填充图案的角度,用户也可在该列表框中输入其他角度值,如图 4-32 所示。

(a) 角度为0° 　　　　(b) 角度为45° 　　　　(c) 角度为90°

图 4-32　填充角度

在"图案填充"选项卡中,比例下拉列表框用于指定放大或缩小预定义或自定义图案,用户也可在该列表框中输入其他缩放比例值,如图 4-33 所示。

　　(a) 比例为0.7 　　　　(b) 比例为1 　　　　(c) 比例为2

图 4-33　填充比例

(5) 渐变色填充

在"图案填充和渐变色"对话框中,选择"渐变色"填充选项卡,可以设置填充图案为渐变色。也可以直接单击标准工具栏上"渐变色填充"按钮,如图 4-34 所示。

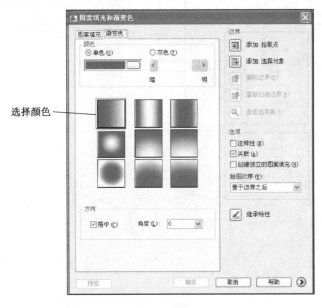

图 4-34　"渐变色"填充选项卡

在"渐变色"填充选项卡中,各选项组的意义如下:

①"颜色"选项组。"颜色"选项组主要用于设置渐变色的颜色。

"单色"选项:从较深的着色到较浅色调平滑过渡的单色填充。如图 4-34 所示,选择颜色按钮,系统弹出如图 4-35 所示的对话框,从中可以选择系统所提供的索引颜色、真彩色或配色系统颜色。

"着色－渐浅"滑块：用于指定一种颜色为选定颜色与白色的混合，或为选定颜色与黑色的混合，用于渐变填充。

"双色"选项：在两种颜色之间平滑过渡的双色渐变填充。AutoCAD 2019 分别为颜色 1 和颜色 2 显示带有浏览按钮的颜色样例，如图 4-36 所示。

在渐变图案区域列出了 9 种固定的渐变图案的图标，单击图标就可以选择渐变色填充为线状、球状和抛物面状等图案的填充方式。

②"方向"选项组。"方向"选项组主要用于指定渐变色的角度以及其是否对称。

"居中"复选框：用于指定对称的渐变配置。如果选定该选项，渐变填充将朝左上方变化，创建光源在对象左边的图案。

"角度"文本框：用于指定渐变色的角度。此选项与指定给图案填充的角度互不影响。

平面图形"渐变色"填充效果如图 4-37 所示。

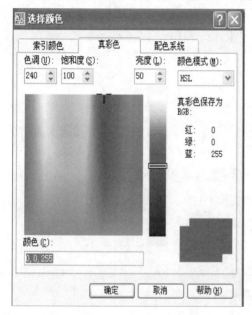

图 4-35　"选择颜色"对话框

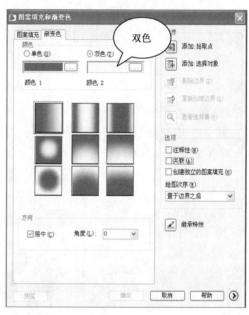

图 4-36　双色选项

图 4-37　平面图形"渐变色"填充效果

2. 编辑图案填充

如果对绘制完的填充图案感到不满意,双击已填充的图案即可通过"编辑图案填充"随时进行修改。

启用"编辑图案填充"命令有三种方法。

◇ 选择"修改"→"对象"→"图案填充"菜单命令。

◇ 单击"修改"工具栏下拉菜单中的"编辑图案填充"按钮。

◇ 输入命令:HATCHEDIT。

启用"编辑图案填充"命令后,选择需要编辑的填充图案,系统将弹出如图 4-38 所示的对话框。在该对话框中,有许多选项都以灰色显示,表示不要选择或不可编辑。修改完成后,单击"预览"按钮进行预览,最后单击"确定"按钮。

【例 4.1】 将图 4-39(a)所示图形中的图案填充,改成图 4-39(b)所示的图案填充形式。

单击"编辑图案填充"按钮,选择图 4-39(a)中的图案填充,系统自动弹出如图 4-38 所示的对话框,单击"确定"按钮,图案填充结果如图 4-39(b)所示。

图 4-38 图案填充编辑选项

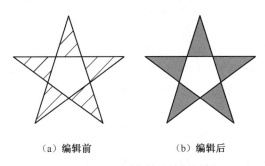

(a) 编辑前　　　　(b) 编辑后

图 4-39 图案填充编辑图例

3. 图案填充的分解

如果一个图案是一个整体,在一些特殊情况下,如标注的尺寸和填充的图案重叠,必须将部分图案打断或删除以便清晰显示尺寸,此时必须将图案分解,然后才能进行相关的操作。

用"分解"命令 分解后的填充图案变成了各自独立的实体。图 4-40 显示了分解前和分解后的不同夹点。

三、尺寸标注

1. 尺寸标注的组成

尽管尺寸标注在类型和外观上多种多样,但一个完整的尺寸标注都是由尺寸线、尺寸界限、尺寸箭头和尺寸文字四部分组成,如图 4-41 所示。

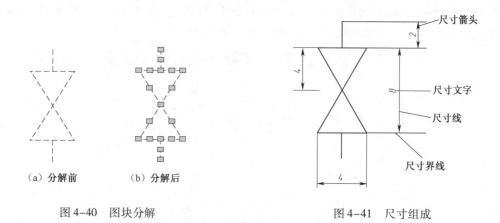

图 4-40 图块分解   图 4-41 尺寸组成

(1)尺寸线

尺寸线表示尺寸标注的范围。通常是带有箭头且平行于被标注对象的单线段。标注文字沿尺寸线放置。对于角度标注,尺寸线可以是一段圆弧。

(2)尺寸界限线

尺寸界限线表示尺寸线的开始和结束。通常从被标注对象延长至尺寸线,一般与尺寸线垂直。有些情况下,也可以选用某些图形对象的轮廓线或中心线代替尺寸界限线。

(3)尺寸箭头

尺寸箭头在尺寸线的两端,用于标记尺寸标注的起始和终止位置。AutoCAD 提供了多种形式的尺寸箭头,包括建筑标记、小斜线箭头、点和斜杠标记。读者也可以根据绘图需要创建箭头形式。

(4)尺寸数字

尺寸数字用于表示实际测量值。可以使用由 AutoCAD 自动计算出的测量值,提供自定义的文字或完全不用文字。如果使用生成的文字,则可以附加"加/减公差、前缀和后缀"。

在 AutoCAD 中,通常将尺寸的各个组成部分作为块处理,因此,在绘图过程中,一个尺寸标注就是一个对象。

2. 尺寸标注规则

(1)尺寸标注的基本规则

①图形对象的大小以尺寸数值所表示的大小为准,与图线绘制的精度和输出时的精度无关。

②一般情况下,采用毫米为单位时不需要注写单位,否则,应该明确注写尺寸所用单位。

③尺寸标注所用字符的大小和格式必须满足国家标准。在同一图形中,同一类终端应该相同,尺寸数字大小应该相同,尺寸线间隔应该相同。

④尺寸数字和图线重合时,必须将图线断开。当图线不便于断开来表达对象时,应该调整尺寸标注的位置。

(2) AutoCAD 中尺寸标注的其他规则

一般情况下,为了便于尺寸标注的统一和绘图的方便,在 AutoCAD 中标注尺寸时应该遵守以下的规则。

①为尺寸标注建立专用的图层。建立专用的图层,可以控制尺寸的显示和隐藏,和其他的图线可以迅速分开,便于修改、浏览。

②为尺寸文本建立专门的文字样式。对照国家标准,设定好字符的高度、宽度系数、倾斜角度等。

③设定好尺寸标注样式。按照国家标准,创建系列尺寸标注样式,内容包括直线和终端、文字样式、调整对齐特性、单位、尺寸精度、公差格式和比例因子等。

④保存尺寸格式及其格式簇,必要时使用替代标注样式。

⑤采用 1:1 的比例绘图。由于尺寸标注时可以让 AutoCAD 自动测量尺寸大小,所以采用 1:1 的比例绘图,绘图时无需换算,在标注尺寸时也无需再键入尺寸数值。如果最后统一修改了绘图比例,应相应修改尺寸标注的全局比例因子。

⑥标注尺寸时应该充分利用对象捕捉功能准确标注尺寸,可以获得正确的尺寸数值。尺寸标注为了便于修改,应该设定成关联的。

⑦在标注尺寸时,为了减少其他图线的干扰,应该将不必要的层关闭,如剖面线层等。

3. 尺寸标注图标位置

单击菜单栏标注,如图 4-42 所示。

图 4-42 尺寸标注图标位置

4. 尺寸标注的类型

AutoCAD 2019 中的尺寸标注可以分为以下类型:直线标注、角度标注、径向标注、坐标标注、引线标注、公差标注、中心标注以及快速标注等。

（1）直线标注

直线标注包括线性标注、对齐标注、基线标注和连续标注。

"线性标注"：线性标注是测量两点间的直线距离。按尺寸线的位置可分为水平标注、垂直标注和旋转标注三个基本类型。

"对齐标注"：对齐标注是创建尺寸线平行于尺寸界线起止点连线的线性标注。

"基线标注"：基线标注是创建一系列的线性、角度或者坐标标注，每个标注都从相同原点测量出来。

"连续标注"：连续标注是创建一系列连续的线性、对齐、角度或者坐标标注，每个标注都是从前一个或者最后一个选定的标注的第二尺寸界线处创建，共享公共的尺寸界线。

（2）角度标注

角度标注用于测量角度。

（3）径向标注

径向标注包括半径标注、直径标注和弧长标注。

"半径标注"：半径标注可用于测量圆和圆弧的半径。

"直径标注"：直径标注可用于测量圆和圆弧的直径。

"弧长标注"：弧长标注可用于测量圆弧的长度，它是 AutoCAD 2019 新增功能。

（4）坐标标注

使用坐标系中相互垂直的 X 和 Y 坐标轴作为参考线，依据参考线标注给定位置的 X 或者 Y 坐标值。

（5）引线标注

引线标注用于创建注释和引线，将文字和对象在视觉上链接在一起。

（6）公差标注

公差标注用于创建形位公差标注。

（7）中心标记

中心标注用于创建圆心和中心线，指出圆或者是圆弧的中心。

（8）快速标注

快速标注是通过一次选择多个对象，创建标注排列。例如：基线、连续和坐标标注。

5. 尺寸标注样式设置

（1）创建尺寸样式

默认情况下，在 AutoCAD 中创建尺寸标注时使用的尺寸标注样式是"ISO-25"，用户可以根据需要创建新的尺寸标注样式。

AutoCAD 提供的"标注样式"命令即可用来创建尺寸标注样式。启用"标注样式"命令后，系统将弹出"标注样式"对话框，从中可以创建或调用已有的尺寸标注样式。在创建新的尺寸标注样式时，用户需要设置尺寸标注样式的名称，并选择相应的属性。

启用"标注样式"命令有三种方法。

◇ 选择"格式"→"标注样式"菜单命令。

◇ 单击"注释"工具栏下拉菜单中的"标注样式"按钮。

◇ 输入命令：DIMSTYLE。

启用"标注样式"命令后，系统弹出如图 4-43 所示的"标注样式管理器"对话框，各选项功能如下：

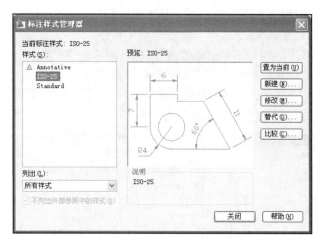

图 4-43 "标注样式管理器"对话框

"样式"选项组:显示当前图形文件中已定义的所有尺寸标注样式。

"预览"选项组:显示当前尺寸标注样式设置的各种特征参数的最终效果图。

"列出"选项组:用于控制在当前图形文件中是否全部显示所有的尺寸标注样式。

置为当前按钮:用于设置当前标注样式。对每一种新建立的标注样式或对原式样的修改后,均要置为当前设置才有效。

新建按钮:用于创建新的标注样式。

修改按钮:用于修改已有标注样式中的某些尺寸变量。

替代按钮:用于创建临时的标注样式。当采用临时标注样式标注某一尺寸后,再继续采用原来的标注样式标注其他尺寸时,其标注效果不受临时标注样式的影响。

比较按钮:用于比较不同标注样式中不相同的尺寸变量,并用列表的形式显示出来。

创建尺寸样式的操作步骤如下。

①利用上述任意一种方法启用"标注样式"命令,弹出"标注样式管理器"对话框,在"样式"列表下显示了当前使用图形中已存在的标注样式,如图4-43所示。

②单击"新建"按钮,弹出"创建新标注样式"对话框,在"新样式名"选项的文本框中输入新的样式名称;在"基础样式"选项的下拉列表中选择新标注样式是基于哪一种标注样式创建的;在"用于"选项的下拉列表中选择标注的应用范围,如应用于所有标注、半径标注、对齐标注等,如图4-44所示。

图 4-44 "创建新标注样式"对话框

③单击"继续"按钮,弹出"新建标注样式"对话框,此时用户即可应用对话框中的 7 个选项卡进行设置,如图4-45所示。

④单击"确定"按钮,即可建立新的标注样式,其名称显示在"标注样式管理器"对话框的"样式"选项组下,如图4-46所示。

⑤在"样式"选项组内选中刚创建的标注样式,单击"置为当前"按钮,即可将该样式设置为当前使用的标注样式。

⑥单击"关闭"按钮,即可关闭对话框,返回绘图窗口。

(2)控制尺寸线和尺寸界线

在创建标注样式时,图4-45所示的"新建标注样式"对话框中有7个选项卡来设置标注的样式,在"线"选项卡中,可以对尺寸线、尺寸界线进行设置,如图4-47所示。

①调整尺寸线。在"尺寸线"选项组中可以设置影响尺寸线的一些变量。

"颜色"下拉列表框:用于选择尺寸线的颜色。

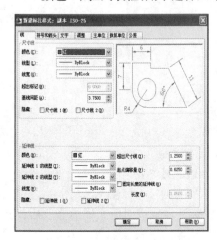

图4-45 "新建标注样式"对话框

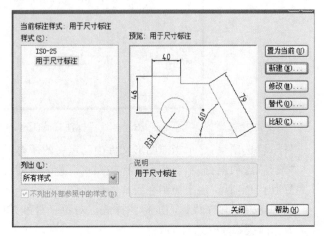

图4-46 "标注样式管理器"对话框

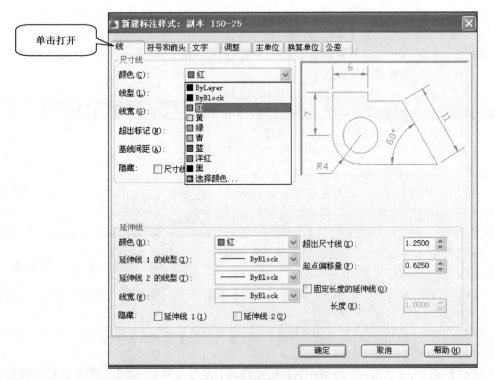

图4-47 "线"选项卡

"线型"下拉列表框:用于选择尺寸线的线型,正常选择为连续直线。

"线宽"下拉列表框:用于指定尺寸线的宽度。

"超出标记"选项:指定当箭头使用倾斜、建筑标记、积分和无标记时尺寸线超过尺寸界线的距离,如图4-48所示。按国家制图标准应为"0"。

"基线间距"选项:决定平行尺寸线间的距离。例如:创建基线型尺寸标注时,相邻尺寸线间的距离由该选项控制,如图4-49所示。

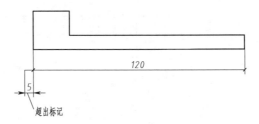

图 4-48 超出标记

"隐藏"选项:有"尺寸线 1"和"尺寸线 2"两个复选框,用于控制尺寸线两端的可见性,如图 4-50 所示。同时选中两个复选框时将不显示尺寸线。

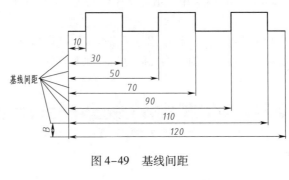

图 4-49 基线间距

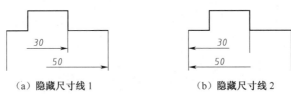

(a) 隐藏尺寸线 1　　　　(b) 隐藏尺寸线 2

图 4-50 隐藏尺寸线

②控制延伸界线。在"延伸"选项组中可以设置尺寸界线的外观。

"颜色"列表框:用于选择尺寸界线的颜色。

"线型延伸线 1 线型"下拉列表:用于指定第一条尺寸界线的线型,正常设置为连续线。

"线型延伸线 2 线型"下拉列表:用于指定第二条尺寸界线的线型,正常设置为连续线。

"线宽"列表框:用于指定尺寸界线的宽度。

"隐藏"选项:有"延伸线 1"和"延伸线 2"两个复选框,用于控制两条尺寸界线的可见性,如图 4-51 所示;当尺寸界线与图形轮廓线发生重合或与其他对象发生干涉时,可选择隐藏尺寸界线。

"超出尺寸线"选项:用于控制尺寸界线超出尺寸线的距离,如图 4-52 所示,通常规定尺寸界线的超出尺寸为 2~3 mm,使用 1:1 的比例绘制图形时,设置此选项为 2 或 3。

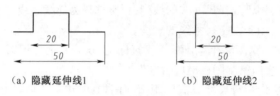

(a) 隐藏延伸线1　　　　　　　(b) 隐藏延伸线2

图 4-51　隐藏尺寸界线

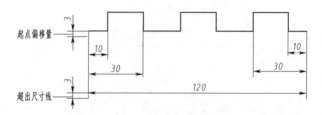

图 4-52　超出尺寸线和起点偏移量

"起点偏移量"选项:用于设置自图形中定义标注的点到尺寸界线的偏移距离,如图 4-52 所示。

"固定长度的延伸线长度"复选框:用于指定尺寸界线从尺寸线开始到标注原点的总长度。

(3) 符号和箭头

在"符号和箭头"选项卡中,可以对箭头、圆心标记、弧长符号和折弯半径标注的格式和位置进行设置,如图 4-53 所示。下面分别对箭头、圆心标记、弧长符号和半径折弯标注的设置方法进行详细的介绍。

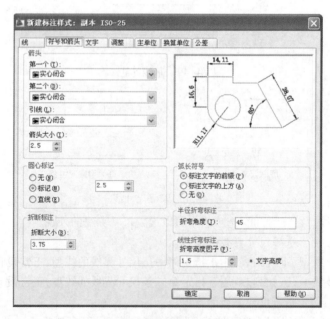

图 4-53　"符号和箭头"选项卡

①箭头的使用。在"箭头"选项组中提供了对尺寸箭头的控制选项。

"第一个"下拉列表框:用于设置第一条尺寸线的箭头样式。

"第二个"下拉列表框:用于设置第二条尺寸线的箭头样式。当改变第一个箭头的类型时,第二个箭头将自动改变以同第一个箭头相匹配。

AutoCAD 2019 提供了 19 种标准的箭头类型,其中设置有建筑制图专用箭头类型,如图 4-54 所示,可以通过滚动条来进行选取。要指定用户定义的箭头块,可以选择"用户箭头"命令,弹出"选择自定义箭头块"对话框,选择用户定义的箭头块的名称,如图 4-55 所示,单击"确定"按钮即可。

"引线"下拉列表框:用于设置引线标注时的箭头样式。

"箭头大小"选项:用于设置箭头的大小。

图 4-54 "19 种标准的箭头"类型

图 4-55 选择自定义箭头块

②设置圆心标记及圆中心线。在"圆心标记"选项组中提供了对圆心标记的控制选项。

"圆心标记"选项组:该选项组提供了"无""标记""直线"3 个单选项,可以用于设置圆心标记或画中心线,效果如图 4-56 所示。

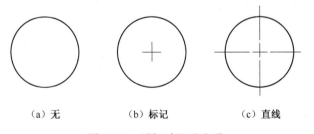

(a) 无　　　　　(b) 标记　　　　　(c) 直线

图 4-56 "圆心标记"选项

"大小"选项:用于设置圆心标记或中心线的大小。

③设置弧长符号。在"弧长符号"选项组中提供了弧长标注中圆弧符号的显示控制选项。

"标注文字的前缀"单选按钮:用于将弧长符号放在标注文字的前面。

"标注文字的上方"单选按钮:用于将弧长符号放在标注文字的上方。

"无"单选按钮:用于不显示弧长符号。三种不同方式显示如图 4-57 所示。

④设置半径折弯标注。在"半径折弯标注"选项组中提供了折弯(Z 字型)半径标注的显示控制选项。

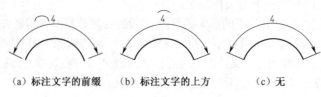

(a) 标注文字的前缀　　(b) 标注文字的上方　　(c) 无

图 4-57 "弧长符号"选项

"折弯角度"数值框：确定用于连接半径标注的尺寸界线和尺寸线的横向直线的角度，如图 4-58 所示折弯角度为 45°。

(4) 控制标注文字外观和位置

在"新建标注样式"对话框的"文字"选项卡中，可以对标注文字的外观和文字的位置进行设置，如图 4-59 所示。下面对文字的外观和位置的设置进行详细的介绍。

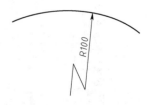

图 4-58 "折弯角度"数值

① 文字外观。在"文字外观"选项组中可以设置标注文字的格式和大小。

"文字样式"下拉列表框：用于选择标注文字所用的文字样式。如果需要重新创建文字样式，可以单击右侧的按钮，弹出"文字样式"对话框，创建新的文字样式即可。

"文字颜色"下拉列表框：用于设置标注文字的颜色。

"填充颜色"下拉列表框：用于设置标注中文字背景的颜色。

"文字高度"数值框：用于指定当前标注文字样式的高度。若在当前使用的文字样式中设置了文字的高度，则此项输入的数值无效。

"分数高度比例"数值框：用于指定分数形式字符与其他字符之间的比例。只有在选择支持分数的标注格式时，才可进行设置。

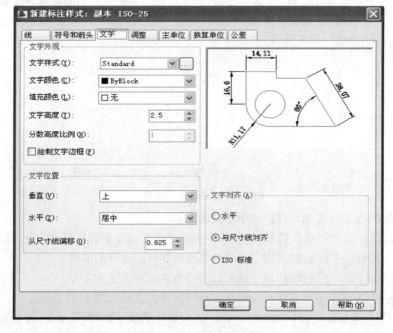

图 4-59 "文字"选项卡

"绘制文字边框"复选框:用于给标注文字添加一个矩形边框。

②文字位置。在"文字位置"选项组中,可以设置标注文字的位置。

在"垂直"下拉列表框:包含"居中""上方""外部""JIS"4个选项,用于控制标注文字相对尺寸线的垂直位置。选择某项时,在对话框的预览框中可以观察到标注文字的变化,如图4-60所示。

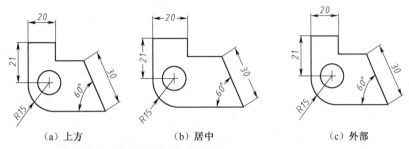

(a) 上方　　　　　　　　(b) 居中　　　　　　　　(c) 外部

图4-60 "垂直"下拉列表框三种情况

"居中"选项:将标注文字放在尺寸线的两部分中间。

"上方"选项:将标注文字放在尺寸线上方。

"外部"选项:将标注文字放在尺寸线上离标注对象较远的一边。

"JIS"选项:按照日本工业标准"JIS"放置标注文字。

在"水平"下拉列表框:包含"居中""第一条延伸线""第二条延伸线""第一条延伸线上方""第二条延伸线上方"5个选项,用于控制标注文字相对于尺寸线和尺寸界线的水平位置。

"居中"选项:把标注文字沿尺寸线放在两条延伸线的中间。

"第一条延伸线"选项:沿尺寸线与第一条延伸线左对正。

"第二条延伸线"选项:沿尺寸线与第二条延伸线右对正。延伸线与标注文字的距离是箭头大小加上文字间距之和的两倍,如图4-61所示。

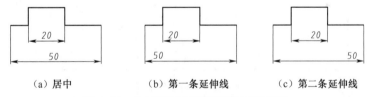

(a) 居中　　　　　　　　(b) 第一条延伸线　　　　　　(c) 第二条延伸线

图4-61 "水平"下拉列表框的三种情况

"第一条延伸线上方"选项:沿着第一条延伸线放置标注文字或把标注文字放在第一条尺寸界线之上。

"第二条延伸线上方"选项:沿着第二条延伸线放置标注文字或把标注文字放在第二条尺寸界线之上,如图4-62所示。

"从尺寸线偏移"数值框:用于设置当前文字与尺寸线之间的间距,如图4-63所示。AutoCAD也将该值用作尺寸线线段所需的最小长度。

小贴士

仅当生成的线段至少与文字间距同样长时,AutoCAD 2019才会在尺寸界线内侧放置文字。仅当箭头、标注文字以及页边距有足够的空间容纳文字间距时,才将尺寸上方或下方的文字置于内侧。

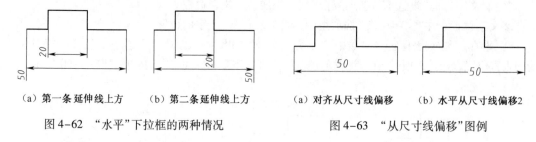

(a) 第一条延伸线上方　　　(b) 第二条延伸线上方　　　(a) 对齐从尺寸线偏移　　　(b) 水平从尺寸线偏移2

图 4-62 "水平"下拉框的两种情况　　　　图 4-63 "从尺寸线偏移"图例

(5) 调整箭头、标注文字及尺寸线间的位置关系

在"新建标注样式"对话框的调整选项卡中,可以对标注文字、箭头、尺寸界线之间的位置关系进行设置,如图 4-64 所示。下面对箭头、标注文字及尺寸界线间位置关系的设置进行详细的说明。

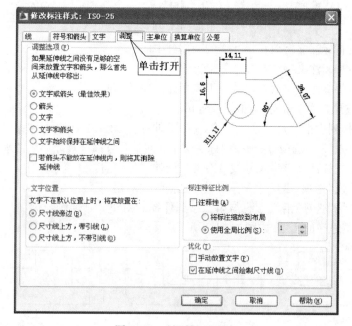

图 4-64 "调整"选项卡

① 调整选项。调整选项主要用于控制基于尺寸界线之间可用空间的文字和箭头的位置,如图 4-65 所示。

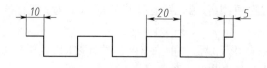

图 4-65 "放置文字和箭头"效果

小贴士

当尺寸界线间的距离仅够容纳文字时,文字放在尺寸线内,箭头放在尺寸线外;当尺寸界线间的距离仅够容纳箭头时,箭头放在尺寸线内,文字放在尺寸线外;当尺寸界线间的距离既不够放文字又不够放箭头时,文字和箭头都放在尺寸界线外。

②调整文字在尺寸线上的位置。在"调整"选项卡中,"文字位置"选项组用于设置标注文字从默认位置移动时,标注文字的位置,显示效果如图4-66所示。

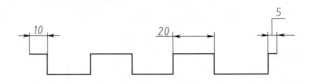

图4-66 调整文字在尺寸线上的位置

③调整标注特征的比例。

在"调整"选项卡中,"标注特征比例"选项组用于设置全局标注比例值或图纸空间比例。

(6)设置文字的主单位

在"新建标注样式"对话框的"主单位"选项卡中,可以设置主标注单位的格式和精度,并设置标注文字的前缀和后缀,如图4-67所示。

(7)设置不同单位尺寸间的换算格式及精度

在"新建标注样式"对话框的"换算单位"选项卡中,选择"显示换算单位"复选框,当前对话框变为可设置状态。此选项卡中的选项可用于设置文件的标注测量值中换算单位的显示并设置其格式和精度,如图4-68所示。

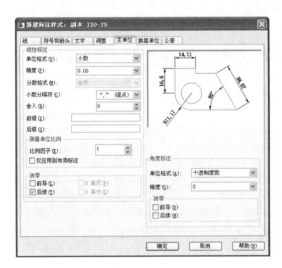

图4-67 "主单位"选项卡

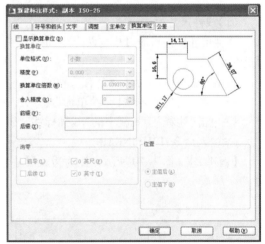

图4-68 "换算单位"选项卡

(8)设置尺寸公差

在"新建标注样式"对话框的"公差"选项卡中,可以设置标注文字中公差的格式及显示,如图4-69所示。

6.尺寸标注

在设定好"尺寸样式"后,即可以采用设定好的"尺寸样式"进行尺寸标注。按照标注尺寸的类型,可以将尺寸分成长度、半径、直径、坐标、指引线、圆心标记等,按照标注的方式,可以将尺寸分成水平、垂直、对齐、连续、基线等。下面按照不同的标注方法介绍标注命令。

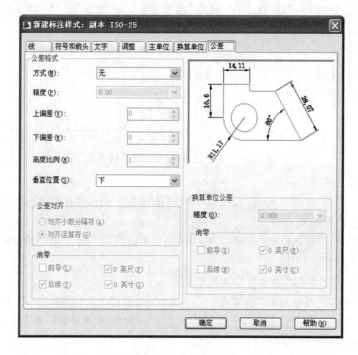

图 4-69 "公差"选项卡

(1) 线性尺寸标注

线性尺寸标注指通过指定两点之间的水平或垂直距离的尺寸,也可以是旋转一定角度的直线尺寸。

启用"线性尺寸"标注命令有三种方法。

◇ 选择"标注"→"线性"菜单命令。

◇ 单击"注释"工具栏中的"线性标注"按钮 。

◇ 输入命令:DIMLINEAR。

【例 4.2】 图 4-70 所示标注为边长尺寸。

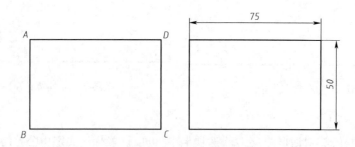

图 4-70 "线性尺寸标注"图例

(2) 对齐标注

对倾斜的对象进行标注时,可以使用"对齐"命令。对齐尺寸的特点是尺寸线平行于倾斜的标注对象。

启用"对齐"命令有三种方法。

◇ 选择"标注"→"对齐"菜单命令。
◇ 单击"注释"工具栏中的"对齐"按钮。
◇ 输入命令:DIMALIGNED。

【例4.3】 采用对齐标注方式标注图4-71所示的边长。

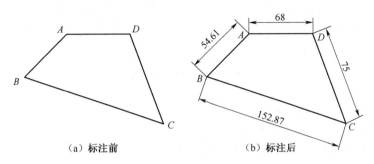

(a) 标注前　　　　(b) 标注后

图4-71 "对齐标注"图例

(3) 角度标注

角度尺寸标注用于标注圆或圆弧的角度、两条非平行直线间的角度及3点之间的角。AutoCAD提供了"角度"命令,用于创建角度尺寸标注。

启用"角度"命令有三种方法。

◇ 选择"标注"→"角度"菜单命令。
◇ 单击"注释"工具栏中的"角度标注"按钮。
◇ 输入命令:DIMANGULAR。

【例4.4】 标注图4-72所示的角的不同方向尺寸。

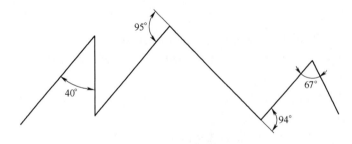

图4-72 直线间角度的标注

(4) 标注半径尺寸

半径标注由一条具有指向圆或圆弧的带箭头的半径尺寸线组成,测量圆或圆弧半径时,自动生成的标注文字前将显示表示半径长度的字母"R"。

启用"半径标注"命令有三种方法。

◇ 选择"标注"→"半径"菜单命令。
◇ 单击"注释"工具栏中的"半径标注"按钮。
◇ 输入命令:DIMRADIUS。

【例4.5】 标注图4-73所示圆弧和圆的半径尺寸。

(5) 标注直径尺寸

标注直径尺寸与圆或圆弧半径的标注方法相似。

图 4-73　半径标注图例

启用"直径标注"命令有三种方法。
◇ 选择"标注"→"直径"菜单命令。
◇ 单击"注释"工具栏中的"直径标注"按钮 。
◇ 输入命令：DIMDIAMETER。

【例 4.6】　标注图 4-74 所示圆和圆弧的直径。

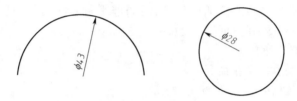

图 4-74　直径标注图例

(6) 连续标注

连续尺寸标注是工程制图(特别是多用于建筑制图)中常用的一种标注方式,指一系列首尾相连的尺寸标注。其中,以相邻的两个尺寸标注间的尺寸界线作为公用界线。

启用"连续标注"命令有两种方法。
◇ 选择"标注"→"连续"菜单命令。
◇ 输入命令：DCO(DIMCONTINUE)。

【例 4.7】　对图 4-75 中的图形进行连续标注。

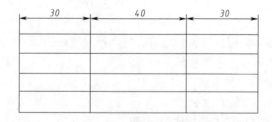

图 4-75　连续标注图例

(7) 基线标注

对于从一条尺寸界线出发的基线尺寸标注,可以快速进行标注,无须手动设置两条尺寸线之间的间隔。

启用"基线标注"命令有两种方法。

◇ 选择"标注"→"基线"菜单命令。

◇ 输入命令:DIMBASELINE。

【例4.8】 采用基线标注方式标注图4-76中的尺寸。

> **小贴士**
> 在使用连续标注和基线标注时,首先第一个尺寸要用线性标注,然后才可以用连续和基线标注,否则无法使用这两种标注方法。

7. 多重引线

(1)多重引线标注

引线标注通常用于为图形标注倒角、零件编号、形位公差等,在 AutoCAD 中,可使用多重引线标注命令(MLEADER)创建引线标注。多重引线标注由带箭头或不带箭头的直线或样条曲线(又称引线)、一条短水平线(又称基线),以及处于引线末端的文字或块组成,如图4-77所示。

(2)创建多重引线

启用"多重引线"命令有三种方法。

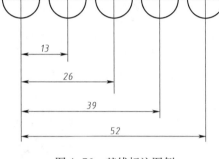

图4-76 基线标注图例

◇ 选择"标注"→"多重引线"菜单命令。

◇ 单击"标注"工具栏中的"多重引线"按钮。

◇ 输入命令:MLEADER。

【例4.9】 利用"多重引线"命令标注图4-78所示斜线段 AB 的倒角。

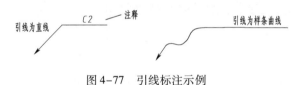

图4-77 引线标注示例   图4-78 引线标注

(3)创建和修改多重引线样式

多重引线样式可以控制引线的外观,即可以指定基线、引线、箭头和内容的格式。用户可以使用默认多重引线样式"Standard",也可以创建多重引线样式。

创建多重引线样式的方法如下。

①选择"格式"→"多重引线样式"菜单命令,打开"多重引线样式管理器"对话框,如图4-79所示。

②单击"新建"按钮,在打开的"创建新多重引线样式"对话框中设置新样式的名称,然后单击"继续"按钮,如图4-80所示。

③打开"修改多重引线样式"对话框,在"引线格式"选项卡中可设置引线的类型、颜色、线型和线宽,引线前端箭头符号和箭头大小,如图4-81所示。

④打开"引线结构"选项卡,在此可设置"最大引线点数",是否包含基线,以及基线长度。

⑤打开"内容"选项卡,在此可设置"多重引线类型"(多行文字或块)。如果多重引线类型为多行文字,还可设置文字的样式、角度、颜色、高度等。

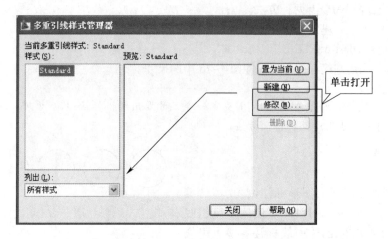

图 4-79 "多重引线样式管理器"对话框

图 4-80 "创建新多重引线样式"对话框

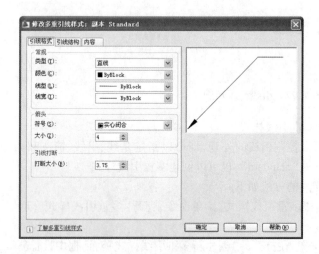

图 4-81 "引线格式"选项卡

⑥"引线连接"设置区用于设置当文字位于引线左侧或右侧时,文字与基线的相对位置,以及文字与基线的距离,如图 4-82 所示。

⑦如果将"多重引线类型"设置为"块",此时系统将显示"块选项"设置区,利用该设置区可设置块类型,块附着到引线的方式,以及块颜色等,如图 4-83 所示。

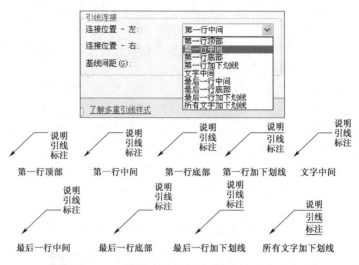

图 4-82 基线连接到多重引线文字的方式

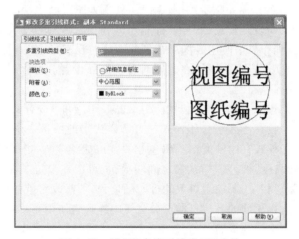

图 4-83 设置"多线引线类型"为块

> **小贴士**
> 这里所说的块实际上是一个带属性的注释信息块。例如,默认块类型为"详细信息标注",利用这类多重引线样式创建多重引线标注时,在确定了引线和基线位置后,系统会提示输入视图编号和图纸编号。

⑧设置结束后,单击"确定"按钮,返回"多重引线管理器"对话框。
⑨单击"关闭"按钮,关闭"多重引线样式管理器"对话框。

> **小贴士**
> 若要修改现有的多重引线样式,可在"多重引线样式管理器"对话框的"样式"列表中选中要修改的样式,然后单击"修改"按钮。

四、打印图纸

1. 打印设备的配置

使用和开发 AutoCAD 绘图软件包,不仅在屏幕显示出各种高质量的图形,而且还要通过打印机或绘图仪正确输出,得到完整图形的"硬拷贝",即将屏幕图像进行有形的复制。"硬拷贝"不仅指打印机或绘图仪输出的图纸,还有许多其他的形式,如幻灯片等。

要输出图形必须配备相应的打印设备。用户可根据自己的打印机或绘图仪等输出设备的型号,在 Windows 或 AutoCAD 中设置自己的输出设备。

"绘图仪管理器":绘图仪管理器是一个窗口,其中列出了用户安装的所有非系统打印机的绘图仪配置(PC3)文件。如果希望使用的默认打印特性不同于 Windows 所使用的打印特性,也可以为 Windows 系统打印机创建绘图仪配置文件。绘图仪配置设置指定端口信息、光栅图形和矢量图形的质量、图纸尺寸以及取决于绘图仪类型的自定义特性。

绘图仪管理器包括"添加绘图仪向导",此向导是创建绘图仪配置的基本工具。"添加绘图仪向导"提示用户输入关于要安装的绘图仪的信息。

"布局":布局代表打印的页面。用户可以根据需要创建任意多个布局。每个布局都保存在自己的布局选项卡中,可以与不同的页面设置相关联。只在打印页面上出现的元素(例如标题栏和注释)是在布局的图纸空间中绘制的。图形中的对象是在"模型"选项卡上的模型空间创建的。要在布局中查看这些对象,请创建布局视口。

"页面设置":创建布局时,需要指定绘图仪和设置(例如图纸尺寸和打印方向)。这些设置保存在页面设置中。使用页面设置管理器,可以控制布局和"模型"选项卡中的设置。可以命名并保存页面设置,以便在其他布局中使用。如果在创建布局时没有指定"页面设置"对话框中的所有设置,则可以在打印之前设置页面或者在打印时替换页面设置。可以对当前打印任务临时使用新的页面设置,也可以保存新的页面设置。

"打印样式":打印样式通过确定打印特性(例如线宽、颜色和填充样式)来控制对象或布局的打印方式。打印样式表中收集了多组打印样式。打印样式管理器是一个窗口,其中显示了所有可用的打印样式表。打印样式有两种类型:"颜色相关"和"命名"。一个图形只能使用一种类型的打印样式表。用户可以在两种打印样式表之间转换,也可以在设置了图形的打印样式表类型之后,修改所设置的类型。相反,要控制对象的打印颜色,必须修改对象的颜色。例如,图形中所有被指定为红色的对象均以相同的方式打印。命名打印样式表使用直接指定给对象和图层的打印样式。这些打印样式表文件的扩展名为".stb"。使用这些打印样式表可以使图形中的每个对象以不同颜色打印,与对象本身的颜色无关。

"打印戳记":打印戳记是添加到打印的一行文字。可以在"打印戳记"对话框中指定打印中该行文字的位置。打开此选项可以将指定的打印戳记信息(包括图形名称、布局名称、日期和时间等)添加到打印设备的图形中。可以选择将打印戳记信息记录到日志文件中而不打印它,或既记录又打印。

2. 设置打印机或绘图仪

(1)在 Windows 10 系统中设置打印机

用户可以在 Windows 桌面的左下角单击"开始"按钮,在搜索栏中输入"打印机和扫描仪",如图 4-84 所示,系统弹出"打印机和扫描仪"对话框,如图 4-85 所示。在对话框中单击"添加打印机"图标,弹出"添加打印机向导"对话框,按提示即可开始设置打印机。

(2)在 AutoCAD 2019 中设置绘图仪

在 AutoCAD 2019 中启用"设置绘图仪"命令有两种方法。

◇ 选择"文件"→"绘图仪管理器"菜单命令。

◇ 输入命令:PLOTTERMANAGER。

项目四　电气接线图的绘制

图 4-84　Windows 系统中设置打印机　　图 4-85　"打印机和扫描仪"对话框

选择上述方式输入命令,系统弹出如图 4-86 所示"Plotters"对话框。双击图 4-86 所示图标,按对话框的提示进行绘图仪设置。

图 4-86　"绘图仪管理器"对话框

3. 设置打印样式

AutoCAD 提供的打印样式可对线条颜色、线型、线宽、线条终点类型和交点类型、图形填充模式、灰度比例、打印颜色深浅等进行控制。对打印样式的编辑和管理提供了方便,同时也可创建新的打印样式。

启用设置"打印样式"命令有两种方法。

◇ 选择"文件"→"打印样式管理器"菜单命令。

◇ 输入命令:STYLEMANAGER。

选择上述方式输入命令,系统弹出如图 4-87 所示"PlorStyler"对话框,在此对话框内列出了当前正在使用的所有打印样式文件。

图 4-87 "打印样式管理器"对话框

在"打印样式管理器"对话框内双击任一种打印样式文件,弹出"打印样式表编辑器"对话框。对话框中包含"常规""表视图""格式视图"三个选项卡,如图 4-88、图 4-89、图 4-90 所示。在各选项卡中可对打印样式进行重新设置。

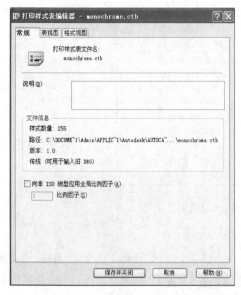

图 4-88 "常规"选项卡

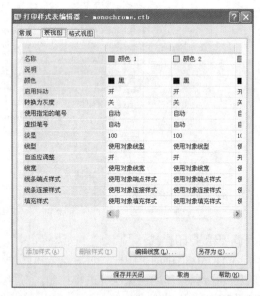

图 4-89 "表视图"选项卡

三个选项卡的说明如下:

"常规"选项卡:在该选项卡中列出了"打印样式表文件名""说明""版本号",也可在此确定比例因子。

图 4-90 "格式视图"选项卡

"表视图"选项卡:在该项选项卡中,可对打印样式中的说明、颜色、线宽等进行设置。"编辑线宽"按钮,系统弹出如图 4-91 所示"编辑线宽"对话框。在此列表中列出了 28 种线宽,如果表中不包含所需线宽,可以单击编辑线宽按钮,对现有线宽进行编辑,但不能在表中添加或删除线宽。

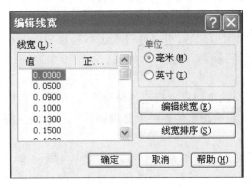

图 4-91 "编辑线宽"对话框

"格式视图"选项卡:该选项卡与"表视图"选项卡内容相同,只是表现的形式不一样。在此可以对所选样式的特性进行修改。

4. 图形输出

启用"打印图形"命令有三种方法。

◇ 选择"文件"→"打印"菜单命令。

◇ 在工具栏中单击"打印"按钮。

◇ 输入命令:PLOT。

选择以上方式输入命令,系统弹出"打印-模型"对话框,如图4-92所示。

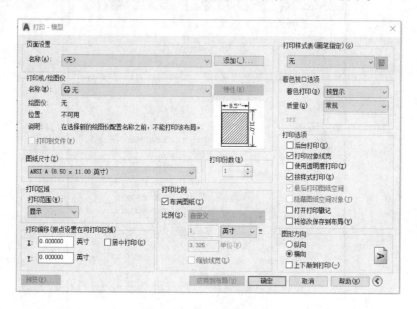

图4-92 "打印-模型"对话框

在"打印-模型"对话框中包含有"页面设置""打印机/绘图仪""图纸尺寸""打印区域""打印比例""打印偏移"选项。

5. 页面设置

页面设置是打印设备和其他影响最终输出的外观和格式设置的集合。可以修改这些设置并将其应用到其他布局中。

在"模型"选项卡中完成图形之后,可以通过单击布局选项卡开始创建要打印的布局。首次单击布局选项卡时,页面上将显示单一视口。虚线表示图纸中当前配置的图纸尺寸和绘图仪的打印区域。

设置布局后,可以为布局的页面设置指定各种设置,其中包含打印设备设置和其他影响输出的外观和格式设置。页面设置中指定的各种设置和布局一起存储在图形文件中。可以随时修改页面设置中的设置。

默认情况下,每个初始化的布局都有一个与其关联的页面设置。通过在页面设置中将图纸尺寸定义为非0×0的任何尺寸,可以对布局进行初始化。可以将某个布局中保存的命名页面设置应用到另一个布局中。此操作将创建与第一个页面设置具有相同设置的新的页面设置。

如果希望每次创建新的图形布局时都显示页面设置管理器,可以在"选项"对话框的"显示"选项卡中选择"新建布局时显示页面设置管理器"选项。如果不需要为每个新布局都自动创建视口,可以在"选项"对话框的"显示"选项卡中清除"在新布局中创建视口"选项。

①页面设置命令。启用"页面设置"命令的方法是选择"文件"→"页面设置管理器"菜单命令,系统将弹出如图4-93所示"页面设置管理器"对话框。在此对话框中,单击"新建"铵钮,系统将弹出如图4-94所示"新建页面设置"对话框。在此对话框的"新页面设置名"选项中,输入要设置的名称,单击"确定"按钮,系统将弹出如图4-95所示的"页面设置-模型"对话框。

图 4-93 "页面设置管理器"对话框

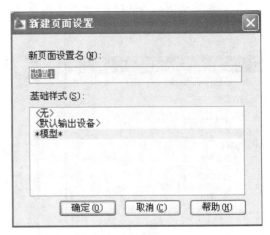
图 4-94 "新建页面设置"对话框

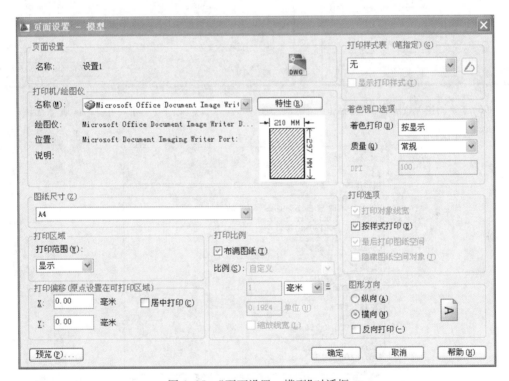
图 4-95 "页面设置-模型"对话框

"打印机/绘图仪"在"打印机/绘图仪"选项组中可以选择输出设备、显示输出设备名称及一些相关信息。单击"特性"按钮,系统弹出如图 4-96 所示"绘图仪配置编辑器"对话框。当用户需要修改图纸边缘空白区域的尺寸时,选择"修改标准图纸尺寸(可打印区域)"项,在图纸列表中指定某种图纸规格,单击"修改"按钮,系统弹出如图 4-97 所示"自定义图纸尺寸(可打印区域)"对话框,在此输入"上、下、左、右"空白区域值,并在预览中看到空白区域的位置,单击"下一步"按钮,直至完成返回"页面设置-模型"对话框。

"打印样式表"用于选择打印样式或是新建打印文件的名称及类型。

"图纸尺寸"在"图纸尺寸"选项中用户可以选择图纸的大小及单位,图纸的大小是由打印机的型号所决定的,如图4-98所示。

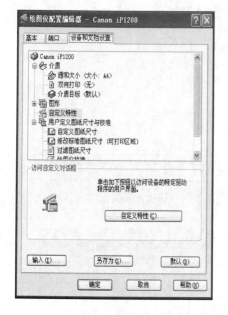

图4-96 "绘图仪配置编辑器"对话框

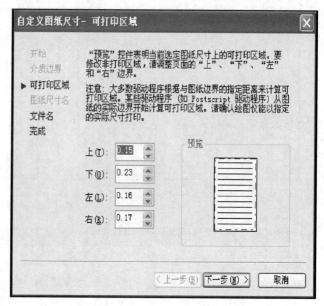

图4-97 "自定义图纸尺寸-可打印区域"对话框

图4-98 "图纸尺寸"选项框

② "打印区域"设置。

选取"范围",表示输出绘图区域的全部图形(包括不在当前屏幕的画面)。

选取"显示",表示输出当前屏幕显示的图形。

③ "打印偏移"指定打印区域相对于图纸左下角的偏移量。

"居中打印"选择该项,系统会自动计算 X 和 Y 的偏移值,将打印图形置于图纸正中间。

"X"指定打印原点在 X 方向的偏移量。

"Y"指定打印原点在 Y 方向的偏移量。

④"打印比例"用于设置输出图形与实际绘制图形的比例。

"着色视口选项"指定着色和渲染视口的打印方式,并确定它们的分辨率大小和 DPI 值。

"打印选项"用于指定线宽、打印样式等选项。

"图形方向"在该项中列出了放置图形的三种位置。

"纵向"表示图形相对于图纸水平放置。

"横向"表示图形相对于图纸垂直放置。

"反向打印"表示对确定的图形,在相对于图纸位置(纵向或横向)的基础上,将图形转过 180°打印。

⑤预览。单击"预览"铵钮,将显示输出图形在图纸上的布局情况,如图 4-99 所示。

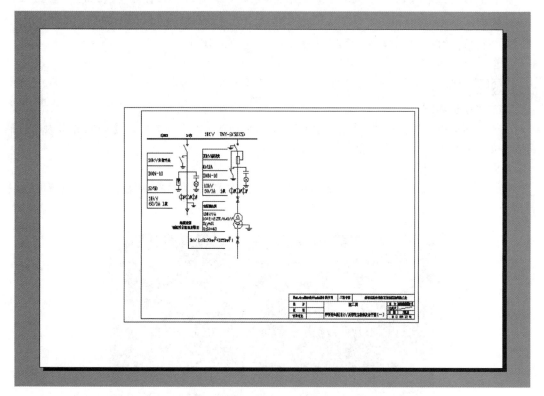

图 4-99　打印预览

6. 图形输出

当图形的"页面设置"完成之后,在"打印"对话框中的其他选项"打印机/绘图仪""图纸尺寸""打印区域""打印比例""打印偏移"也已经同时设置完成,这样就可以进行图纸输出。

图纸输出的操作步骤如下:

①配置系统打印机。

②选择"文件"→"页面设置管理器"菜单命令,进行页面设置。

③输入"打印"按钮,在弹出的"打印-模型"对话框进行检查。

④单击"打印-模型"对话框中的"预览"按钮进行预览。
⑤在预览过程中查看图形在图纸中的相对位置,并作进一步调整。
⑥调整后,再次预览,直至图形位置合适,单击"确定"按钮,输出图形。

项目实施

对图4-1所示电路原理图进行分析后,本项目包含了电气绘制和工程绘制两个部分。左侧部分是牵引变电所10 kV所用变的主接线图,右侧是变电所电气平面布置图绘制。

步骤一　创建项目图形文件

选择"开始"→"AutoCAD 2019 简体中文"→"AutoCAD 2019"进入AutoCAD 2019中文版绘图界面。

步骤二　设置图形界限

根据图形的大小和1∶1作图原则,设置图形界限为420×297横放比较合适,即标准图纸A3。

1. 设置图形界限

命令行输入"limits",按【Enter】键,重新设置模型空间界限;
指定左下角点或[开(ON)/关(OFF)] <0.0000,0.0000>,按【Enter】键;
指定右上角点 <420.0000,297.0000>:420,297,按【Enter】键。

2. 显示图形界限

设置了图形界限后,一定要通过显示缩放命令将整个图形范围显示成当前的屏幕大小。最简捷的方法就是单击缩放工具栏中的"全部缩放"按钮即可。

步骤三　设置图层

打开"图层特性管理器"对话框,如图4-100所示,设置"绘图"层,颜色为黑色;设置"文字"层,颜色为黑色。

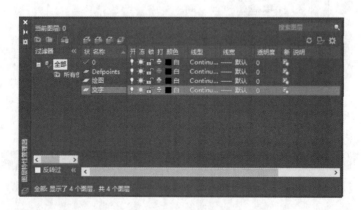

图4-100　图层设置

步骤四　绘制边框和标题栏

图纸采用A3标准图纸,420×297横放比较合适,如图4-101所示。装订线左侧宽度为25,上、右、下宽度为5。用绘制矩形、直线、偏移、修剪、多行文字等命令先绘制出边框和标题栏,如图4-102所示。

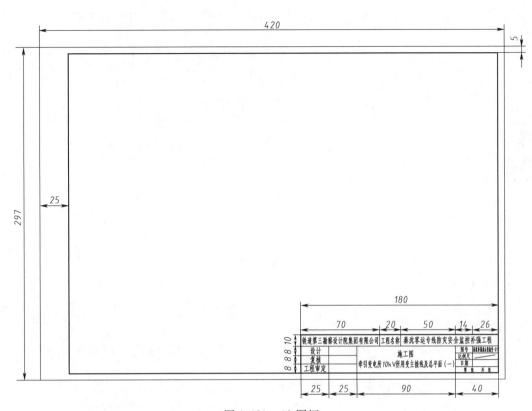

图 4-101 A3 图幅

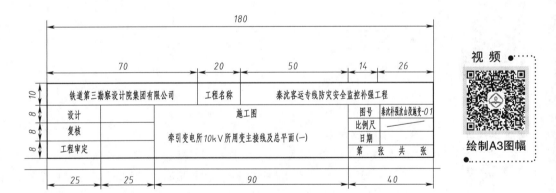

图 4-102 标题栏

步骤五 牵引变电所 10 kV 所用变的主接线图绘制

1. 绘制控制元器件图块

(1)绘制主开关

①单击"矩形"按钮,输入 5,10,连接对角线,如图 4-103(a)所示。

②如图 4-103(b)所示,以矩形右上顶点为圆心,绘制半径值为 1 的圆;单击"直线"按钮,以圆 90°象限点为起点绘制长度为 7 的直线;同样绘制长度为 3 的水平直线;以矩形右下顶点为起点,绘制长度为 5 的直线。

③单击"修剪"按钮,选中全图,按【Enter】键,删除多余线段,如图4-103(c)所示。

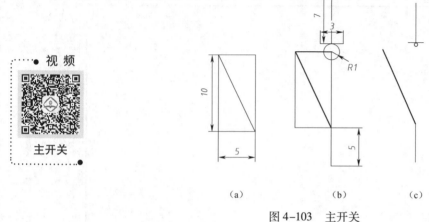

主开关

图 4-103 主开关

(2)绘制接地标识

①单击"直线"按钮,绘制长度为6的直线,捕捉直线中点,绘制长度为4的垂直直线,如图4-104(a)所示。

②单击"偏移"按钮,输入偏移距离为1,单击水平直线,偏移复制3条水平线,如图4-104(b)所示。

③捕捉下线中点,用直线连接中点与上方直线两端点,如图4-104(c)所示。

④单击"修剪"按钮,选中全图,按【Enter】键,修剪多余线段,如图4-104(d)所示。

接地标识

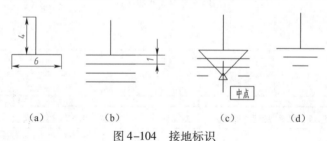

图 4-104 接地标识

(3)绘制隔离开关

①单击"矩形"按钮,输入"5,10",连接对角线,如图4-105(a)所示。

②如图4-105(b)所示,单击"直线"按钮,以矩形右上顶点为起点绘制长度为2的垂直直线;同样绘制长度为1的水平直线;以矩形右下顶点为起点,绘制长度为4的垂直直线。

③删除矩形,如图4-105(c)所示。

④绘制长度为1的直线,如图4-105(d)所示。

隔离开关

(4)绘制阀型避雷器

①单击"矩形"按钮,输入"5,9",如图4-106(a)所示。

②如图4-106(b)所示,单击"直线"按钮,以矩形上边中点为起点绘制长度为10的垂直直线;以矩形下边中点为起点向下绘制长度为5的垂直直线;以矩形上边中点为起点向下绘制长度为1的垂直直线,并向右绘制长度为1的水平直线;同样绘制长度为5的垂直直线;连接斜线,如图4-106(b)所示。

阀型避雷器

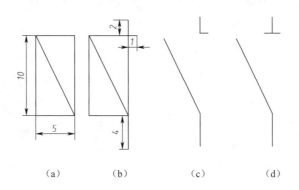

图 4-105　隔离开关

③利用镜像绘制图 4-106(c)所示图形。

④单击"图案填充"按钮,选中三角形作为对象,图案为 SOLID,如图 4-106(d)所示。

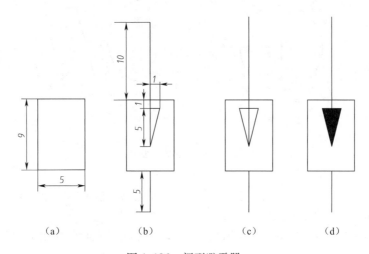

图 4-106　阀型避雷器

(5)绘制电容器

①单击"直线"按钮,绘制水平长度为 7 的直线,并捕捉中点,绘制长度为 3 的垂直直线,如图 4-107(a)所示。

②单击"偏移"按钮,输入偏移距离 3,选中水平直线作为对象,向下单击,捕捉中点,绘制垂直直线,长度为 3,如图 4-107(b)所示。

(6)绘制信号灯

①单击"矩形"按钮,输入数值"5,5",如图 4-108(a)所示。

②用直线连接矩形对角线,单击"圆"按钮,以对角线交点为圆心,做矩形的外接圆,以圆的 90°象限点为起点绘制长度为 2 的垂直直线,如图 4-108(b)所示。

③删除矩形,如图 4-108(c)所示。

(7)绘制电流互感器

①单击"圆"按钮,输入半径 3,以圆心为起点绘制两条长度为 4 的竖直线,以圆 180°象限点为起点绘制长度为 2 的直线,如图 4-109(a)所示。

视　频

电容器

视　频

信号灯

②单击"直线"按钮,绘制长度为5,角度为75°的两条直线,并移动到适当位置,如图4-109(b)所示。

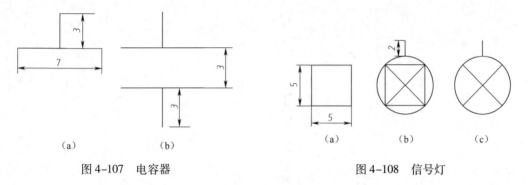

图4-107 电容器　　　　　　　　图4-108 信号灯

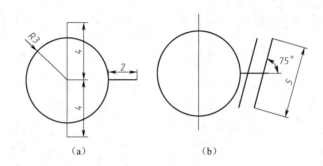

图4-109 电流互感器

(8)绘制电缆终端头

①单击"直线"按钮,绘制长度为4的水平直线,捕捉中点,绘制长度为4的垂直直线,连接斜线,如图4-110(a)所示。

②单击"直线"按钮,分别绘制长度为2的两条垂直直线,如图4-110(b)所示。

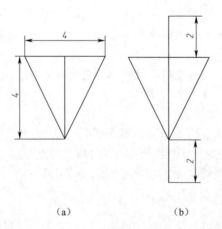

图4-110 电缆终端头

(9)绘制熔断器

①单击"矩形"按钮,绘制长为4,高为10的矩形;单击捕捉矩形上下边中点,绘制长度为2的两条垂直直线,如图4-111(a)所示。

②单击"直线"按钮,连接矩形上下边中点,如图4-111(b)所示。

熔断器

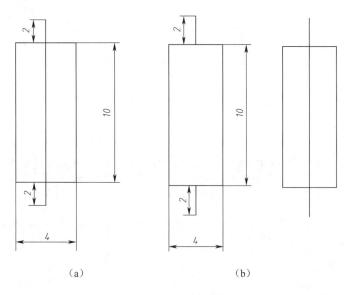

图4-111 熔断器

(10)绘制电压表、电流表

①单击"圆"按钮,绘制半径值为2的圆,单击"文本"按钮,输入大写字母"V",字体高度为2,如图4-112(a)所示。

②单击"圆"按钮,绘制半径值为2的圆,单击"文本"按钮,输入大写字母"A",字体高度为2,如图4-112(b)所示。

电流表,
电压表

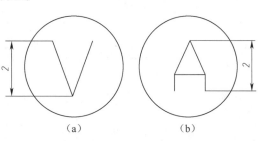

图4-112 电压表、电流表

(11)绘制变压器

①单击"圆"按钮,输入半径值为6,从圆心绘制长度为9的垂直直线,以线的下端点为圆心绘制半径为6的圆,如图4-113(a)所示。

②删除多余线段,从圆心绘制长度为4的直线,如图4-113(b)所示。

③单击"阵列"按钮,弹出"阵列"对话框,如图4-114所示,设置参数,单击选择对象,选中竖线,按【Enter】键,形成图4-113(c)所示图形。

变压器

④单击"直线"按钮绘制边长均为4的等边三角形,并使其重心与上面圆的圆心重合,如图4-113(d)所示。

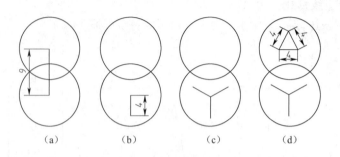

图4-113 变压器

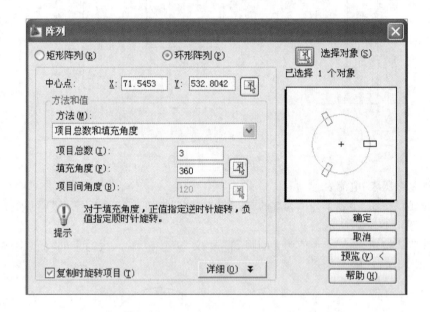

图4-114 阵列

视频

线路结构图

2. 绘制线路结构图

(1)绘制母线

使用"多段线"命令,绘制长为157宽为0.7的直线。

(2)创建支路图块

观察支路,发现左侧支路与右侧支路有相似之处,因此可以绘制完左侧支路后,将其复制到右侧如图4-115所示,并做相应的更改、删除、插入元件等操作。

(3)插入注释表格和文字

单击"绘图"工具栏中的"多行文字"按钮,或者在命令行窗口中输入"MTEXT",在要添加文字的位置上单击确定文字框。字体设定为宋体,字体大小改为4。

用直线命令绘制注释表格,并填入参数,如图4-116所示。

项目四 电气接线图的绘制

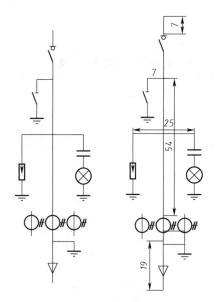

图 4-115 创建支路图块

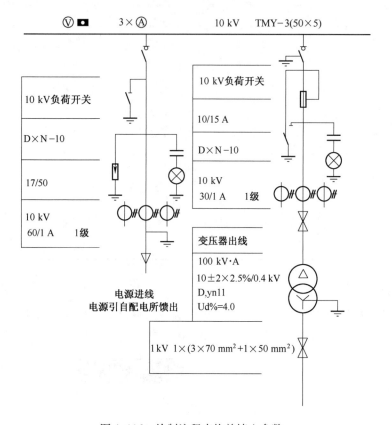

视频

主接线图

图 4-116 绘制注释表格并填入参数

155

 项目评价

项目四评价表见表4-1。

表4-1 项目四评价表

项目名称			完成日期	月　日
班　　级		小　　组	姓　　名	
学　　号			组长签字	
评价项点	分值	自我评价	组内互评	教师评价
1. 了解尺寸标注的方法	10			
2. 掌握图案填充的方法	10			
3. 熟悉建筑平面图的绘制	15			
4. 掌握供配电系统常用元器件绘制	15			
5. 掌握有装订线 A3 图幅画法	10			
6. 掌握图层的设置	10			
7. 了解打印图纸的方法	10			
8. 任务完成质量	10			
9. 合作精神	10			
总分				
自我总结				
教师评语				

技能练习与提高

1. 填充图 4-117（a）所示图形，填充颜色为黑，完成图形如图 4-117（b）所示。

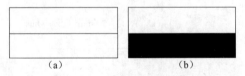

图 4-117　填充图形颜色

2. 创建图 4-118 所示的元器件图块。

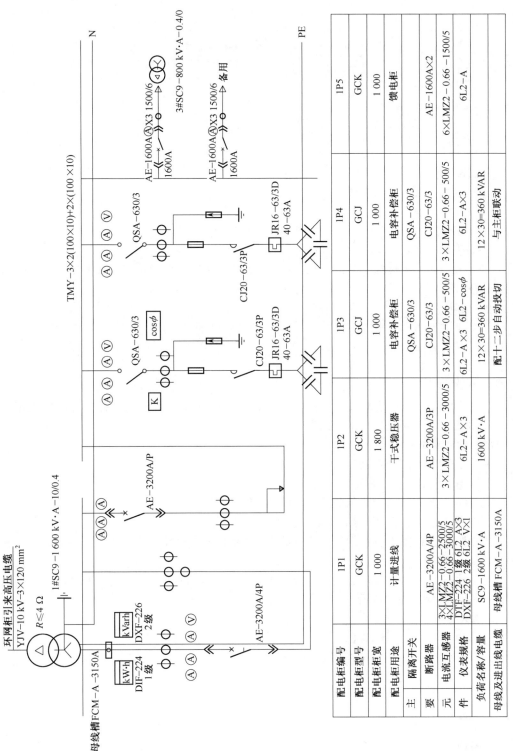

图 4-118 工厂低压系统图

项目五 铁路工程图纸的绘制

项目目标

【知识目标】

1. 掌握铁路工程图纸标准识读。
2. 掌握工程图绘制步骤。

【能力目标】

1. 会正确识读图纸。
2. 会正确使用常用绘图命令和基本编辑命令绘制钢轨断面图、单开道岔布置图、桥墩一般构造图、涵洞构造图。

【素质目标】

1. 养成严谨的工作作风。
2. 养成爱岗敬业精神。

项目描述

本项目主要通过三个任务,要求学生学会绘制钢轨断面图、单开道岔布置图、桥墩一般构造图等工程图纸,掌握工程类图纸的绘制方法。

【项目实施要求】

①能够了解铁路工程相关知识。
②能够精确绘制铁路工程图纸。
③具有团队合作精神,以小组的形式完成工作任务。
④严格遵守课堂纪律,不迟到、不早退、不旷课。
⑤树立职业道德意识,并按照企业的质量管理体系标准去学习和工作。

【项目图示】

本项目由三个任务构成,项目图示包括 60 kg/m 钢轨断面图、60 kg/m 钢轨 18 号可动心轨辙叉单开道岔图、桥墩一般构造图。

【项目准备】

①每位同学配备一台计算机。
②每台电脑上均安装 AutoCAD 2019 软件。
③绘制完成的 A3 图幅模板。

相关知识

一、钢轨

钢轨是铁路轨道的重要部件,其功能主要是引导机车车辆运行,直接承受车轮的荷载和冲击,并将其传布于轨枕。铁路线路上的轨道通常由两条平行的钢轨组成,钢轨固定在轨枕上,轨枕之下为道砟,还包括道岔、钢轨的连接零件等。

列车作用于直线轨道钢轨上的力主要是竖直力,而抵抗这种力的最佳断面形状为"工"字形。因此现在使用的钢轨切面成"工"字形,分别为与车轮接触的轨头、中间的轨腰及底部的轨底。不同的路线对钢轨的强度、稳定性及耐磨性都有不同的要求,因此钢轨亦有不同的规格。

钢轨的类型以每米大致质量(kg)数划分。欧洲铁路常见的钢轨有 40 kg/m、50 kg/m、60 kg/m,我国则有 43 kg/m、50 kg/m、60 kg/m、75 kg/m。主要线路使用的是 60 kg/m 或 75 kg/m 的钢轨。

二、道岔

道岔是机车车辆从一股轨道转入或越过另一股轨道时必不可少的线路设备,是铁路轨道的一个重要组成部分。常用的线路连接有各种类型的单式道岔和复式道岔。

我国最常见的道岔类型是普通单开道岔,简称单开道岔,其主线为直线,侧线由主线向左侧(称左开道岔)或右侧(称右开道岔)岔出,其数量占各类道岔总数的 90% 以上。单开道岔由转辙器、辙叉及护轨、连接部分组成,道岔中所用的轨枕称为岔枕。

单开道岔以它的钢轨每米质量、道岔号数、直向允许通过速度、轨距、轨下基础等划分类型。目前我国的标准道岔号数(用辙叉号数来表示)有 6、7、9、12、18、30、38、42、62 号等。通常道岔号码越大,辙叉角越小,导曲线半径越大,侧向允许通过速度越高。

三、桥墩

桥梁是供车辆(汽车、列车)和行人等跨越障碍(河流、山谷、海湾或其他线路等)的工程建筑物。简而言之,桥梁就是跨越障碍的通道。

桥梁在工程中起着举足轻重的作用,也是经过城市、大江大河的标志性建筑物。世界各国的发展都离不开桥梁设计、施工、维护水平的支持,也是普通桥梁的标准化和特殊桥梁的科技体现。在当今社会中,大力发展交通运输事业,建立四通八达的公路、铁路交通网,对促进发展经济、提高国力,具有非常重要的意义。

桥梁一般由上部结构、下部结构和支座组成。下部结构又通常有基础、承台、桥墩等结构。桥梁按工程规模划分,有特大桥、大桥、中桥、小桥等。按桥梁用途划分,有铁路桥、公路桥、公铁两用桥、人行桥等。按桥跨结构所用的材料来划分,有钢桥,钢筋混凝土桥,预应力混凝土桥等。按结构体系划分,有梁桥、拱桥、悬索桥三种基本体系,以及由基本体系组合或一种基本体系与梁、塔、斜索等构件形成的组合体系,如斜拉桥等。

项目实施

任务 1　绘制 60 kg/m 钢轨断面图

【任务图示】

60 kg/m 钢轨断面图的图示如图 5-1 所示。

【任务实施】

①打开 A3 图幅,绘制 60 kg/m 钢轨断面图。单击直线按钮 绘制垂直中心线。选中垂直中心线,修改线型、线宽如图 5-2 所示。

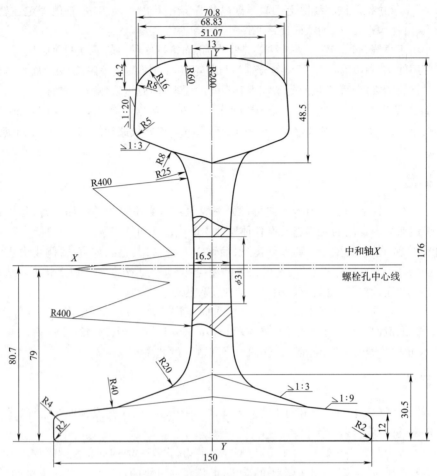

图 5-1　60 kg/m 钢轨断面图

图 5-2　中心线线型、线宽、颜色设置图

②单击"直线"按钮，从垂直中心线向左画长度为 75 直线段，向上画长度为 12 直线段，向右画长度为 9 的直线段，向上画长度为 1 的直线段。连接长度为 9 和长度为 1 的两条直线段的端点，并延长至垂直中心线，绘制出角度为 1:9 的斜线段。从底边中心线交点向上画长度为 30.5 的直线段，继续向下画长度为 1 的直线段，向左画长度为 3 的直线段，连接长度为 1 和 3 的两条直线段的端点，并延长至左侧直线处，绘制出角度为 1:3 的斜线段。如图 5-3(a)所示。修剪多余线段，按图尺寸进行倒圆角，如图 5-3(b)所示。

将垂直中心线向左偏移长度 8.25，将底边向上偏移 79，以这两条直线的交点为起点，向左绘制长度为 400 的水平直线，以直线左端点为圆心，绘制半径为 400 的圆，如图 5-3(c)所示。修剪多余线段，按图尺寸进行倒圆角，如图 5-3(d)所示。

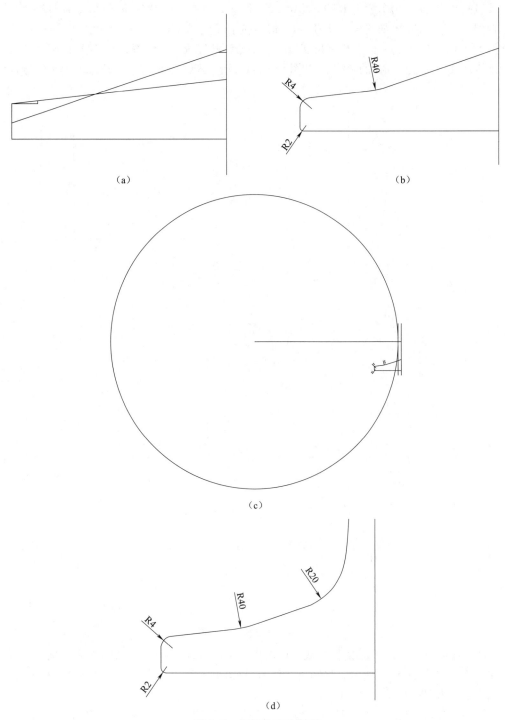

图 5-3 钢轨轨底绘制图

③将底边向上偏移 176,从线段右端向左绘制长度为 35.4 直线段。将偏移的直线段删除。将长度为 35.4 的直线段向下偏移 48.5,如图 5-4(a)所示。以上边线段左端点为起点,向下绘制长度为 14.2 的线段。继续向下绘制长度为 20 的线段,并继续向左绘制长度为 1 的线段,连接这

两个线段的端点,绘制出角度为 1∶20 的斜线段。将下方直线段向左延伸,将角度为 1∶20 的斜线段延伸到下方直线段处,如图 5-4(b)所示。修剪多余线段,如图 5-4(c)所示。以垂直中心线上高度为 48.5 的点为起始点,向左绘制长度为 3,向上绘制长度为 1 的线段,用直线连接两个端点,并进行延伸,绘制出角度为 1∶3 的斜线段,如图 5-4(d)所示。修剪、删除多余线条,如图 5-4(e)所示。

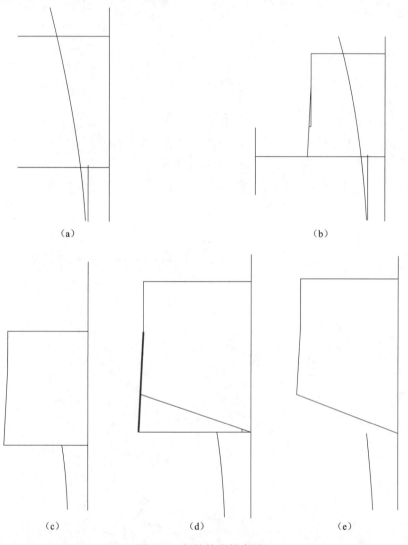

图 5-4　钢轨轨头轮廓图

④将上边向下偏移 200,以偏移后线段的右端点为圆心,绘制半径为 200 的圆。将垂直中心线向左偏移 9,如图 5-5(a)所示。将圆进行修剪,只留下垂直中心线与偏移 9 线之间的圆弧,绘制出轨头半径为 200 的圆弧,如图 5-5(b)所示。

⑤以半径为 200 的圆弧的左端点为起点,连接半径为 200 的圆的圆心,绘制直线。以半径为 200 的圆弧的左端点为起点,绘制与连线垂直的线段,如图 5-6(a)所示。将垂直的线段向下偏移 60,将偏移后的线段延伸至与 200 圆心相连的斜线上,以交点为圆心,绘制半径为 60 的圆,如图 5-6(b)所示。将垂直中心线向左偏移 25.535,如图 5-6(c)所示。修剪将半径为 60 的圆,如图 5-6(d)所示。

项目五　铁路工程图纸的绘制

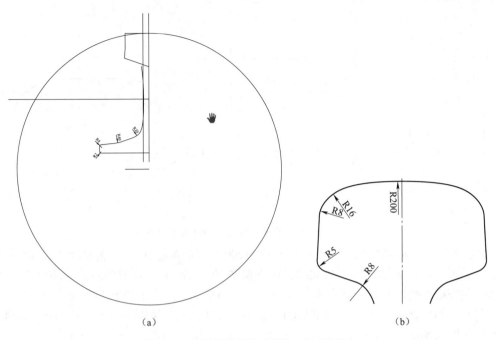

图 5-5　绘制钢轨轨头半径为 200 的圆弧

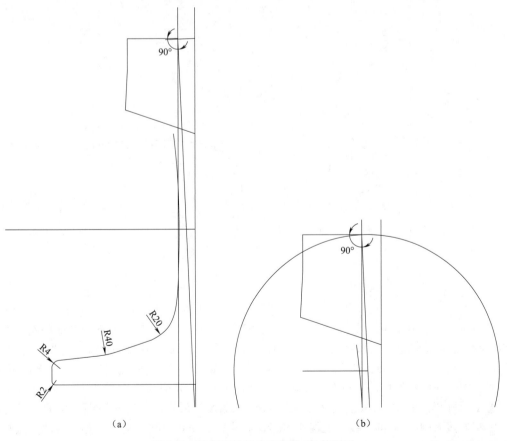

图 5-6　绘制钢轨轨头半径为 60 的圆弧

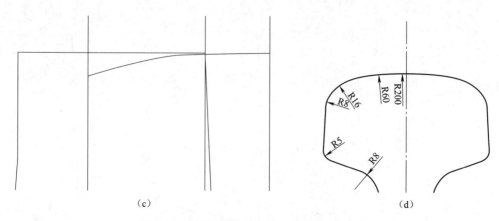

(c)　　　　　　　　　　　　　　(d)

图 5-6　绘制钢轨轨头半径为 60 的圆弧(续)

⑥连接半径为 60 的圆弧的左端点与半径为 200 的圆的圆心,以半径为 60 的圆弧的左端点为起点,绘制与连线垂直的线段,将此线段向下偏移 60,与半径为 60 的圆弧的左端点与半径为 200 的圆的圆心连线相交,以交点为圆心,绘制半径为 16 的圆。将垂直中心线向左偏移 34.414 5,如图 5-7(a)所示。修剪半径为 16 的圆弧,保留垂直中心线向左偏移 25.534 5 与 34.414 5 的部分,如图 5-7(b)所示。

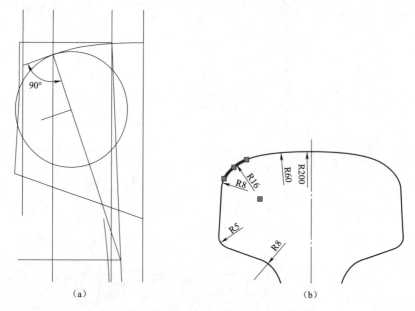

(a)　　　　　　　　　　　　　　(b)

图 5-7　绘制钢轨轨头半径为 16 的圆弧

⑦连接半径为 16 的圆弧的左端点与半径为 60 的圆的圆心,以半径为 16 的圆弧的左端点为起点,绘制与连线垂直的线段,将此线段向下偏移 8,与半径为 16 的圆弧的左端点与半径为 60 的圆的圆心连线相交,以交点为圆心,绘制半径为 8 的圆,如图 5-8(a)所示。修剪半径为 8 的圆弧,保留垂直中心线向左偏移 34.414 5 与左边框的部分,如图 5-8(b)所示。

⑧倒圆角 R5。单击圆角按钮,输入 R 按【Enter】键,输入 5 按【Enter】键,单击倒圆角的两条线段。

⑨将连接 R400 圆心的直线向上偏移 38.72,与半径为 400 的圆弧交于一点。将此交点与半径为 400 的圆的圆心连接,过交点做圆心与交点连线的垂线。将垂线向左偏移 25。以偏移线段

和圆心交点连线的交点为圆心，绘制半径为 25 的圆，如图 5-9(a)所示。按图 5-1 所示，将坡度为 1:3 的斜线与半径为 25 的圆弧进行倒圆角，倒角半径为 8。对圆弧进行标注，删除多余线条。对图形进行镜像，如图 5-9(b)所示。

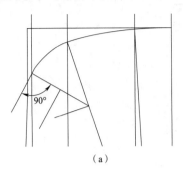
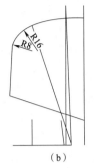

图 5-8　绘制钢轨轨头半径为 8 的圆弧

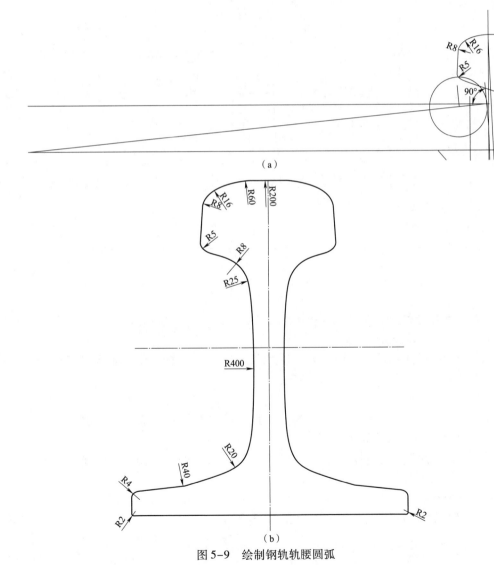

图 5-9　绘制钢轨轨腰圆弧

⑩删除水平线。将底边向上偏移 80.7,作为中和轴 X,向下偏移 1.7,绘制螺栓孔中心线。利用矩形命令绘制螺栓孔,利用样条曲线和图案填充命令绘制阴影部分,如图 5-10 所示。

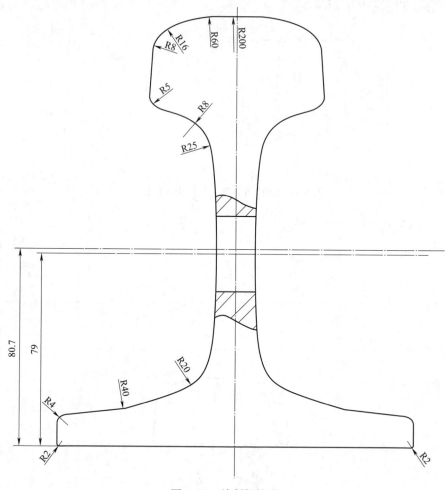

图 5-10　绘制螺栓孔

⑪添加文字注释和标注,完成图 5-1 图形绘制。

任务 2　绘制单开道岔设计图

本次任务只介绍如何利用 AutoCAD 2019 软件绘制单开道岔的转辙器部分,连接部分和辙叉及护轨部分绘制作为练习,请同学们课后完成。

技术要求:

①本道岔轨距均为 1 435 mm。岔枕均按垂直于正线方向布置,岔枕间距除注明者外均为 600 mm。岔枕详细长度如图 5-11 所示。

②图中轨道电路钢轨绝缘接头及普通接头分别以 ━┼━ 及 ━╫━ 表示,轨缝均为 6 mm,轨道电路绝缘接头位置可以根据实际需要进行设置。

【任务图示】

60 kg/m 钢轨 18 号可动心轨辙叉单开道岔图如图 5-11 所示。

项目五　铁路工程图纸的绘制

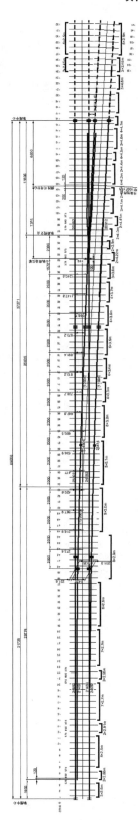

图 5-11　60 kg/m 钢轨 18 号可动心轨辙叉单开道岔图

【任务实施】

①因图纸图幅有限,绘图比例设置为1∶100;绘图时尺寸按标注数值缩小为1/100。单击菜单栏"标注"→"标注样式"→"修改"菜单命令,主单位精度设置为0,比例因子为100;文字高度设置为20,如图5-12(a)所示;单击格式菜单栏,选择图形单位,将绘制单位设置为毫米,精度设置为0,如图5-12(b)所示。

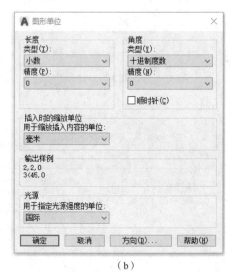

(a)　　　　　　　　　　　　　　　(b)

图5-12　标注样式设置图

②单击右下角工具条中的对象捕捉■▼,弹出下拉菜单,选择"对象捕捉设置"命令,在弹出的对话框中单击"全部选择"按钮,单击"确定"按钮,如图5-13所示。单击右下角工具条中的正交按钮■,打开正交。

图5-13　对象捕捉设置图

③单击"直线"按钮,绘制长度为690的线段,作为轨道中心线。单击"偏移"按钮,将线段向

上下分别偏移7.175,将两条偏移的线段线宽设置为0.5,单击右下角工具栏中的按钮,显示线宽,如图5-14所示。

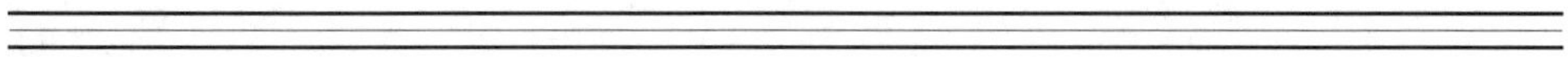

图 5-14　绘制直股轨道图

④绘制普通接头。单击"直线"按钮,绘制长度为3的垂直线段。单击"偏移"按钮,输入偏移距离1.5,按【Enter】键;选中线段,在线段右侧空白处单击。在线段中点处分别绘制长度为2的水平线段,如图5-15所示。

图 5-15　绘制普通接头图

⑤按照图5-11中标注的岔枕长度和数量绘制共计141根岔枕,岔枕间距按图中标注尺寸的1/100绘制,未注明尺寸间距均为6。先绘制图中编号1~132的岔枕,如图5-16所示。单击工具栏中的文字按钮,在下拉菜单中选择"多行"命令,输入岔枕编号,字高为20,字体为仿宋。

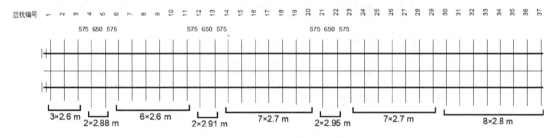

图 5-16　绘制岔枕线路图

⑥绘制曲线。为了确定曲线的走向,绘制辅助线段,利用样条曲线进行多点连接。

绘制辅助线。单击直线按钮,在道岔编号4的端点处向左绘制水平长度为1.2,向下绘制长度为1.6的线段。使用同样方法,在道岔编号21的端点处向下绘制长度为1.57的线段。在道岔编号38的端点处向下绘制长度为2.17的线段。在道岔编号39的端点处向右绘制水平长度为3.11的水平线段,向下绘制垂直长度为2.316的线段。在道岔编号42的端点处向右绘制水平长度为3.11的水平线段,向下绘制垂直长度为2.735的线段。在道岔编号46的端点处向右绘制水平长度为0.98的水平线段,向下绘制垂直长度为3.189的线段。在道岔编号49的端点处向右绘制水平长度为3.66的水平线段,向下绘制垂直长度为3.679的线段。在道岔编号52的端点处向右绘制水平长度为5.07的水平线段,向下绘制垂直长度为4.206的线段。单击"绘图"工具栏下拉菜单中的"样条曲线"按钮,连接辅助线端点,绘制曲线,曲线线段为0.5,如图5-17(a)所示。删除辅助线段。利用复制命令将曲线向下垂直复制,距离为14.35,如图5-17(b)所示。

【注意】　用同样的方法同学们课下可以绘制出单开道岔的连接部分和辙叉及护轨部分的曲线。岔枕编号116后面曲线线型为双点画线,线型如图5-18所示。133~141号岔枕需与曲线垂直。

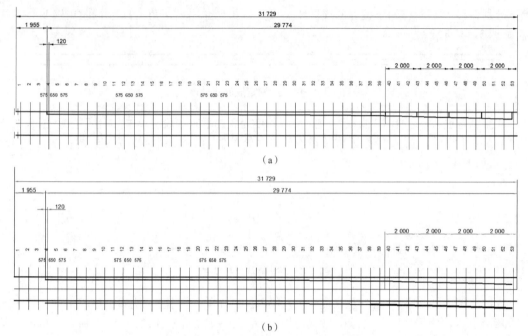

图 5-17 单开道岔转辙机部分轨道图

图 5-18 线型设置图

⑦普通接头放置到图中对应位置,并添加注释说明,完成图纸绘制,如图 5-19 所示。

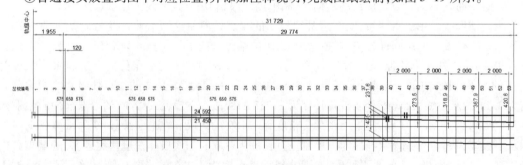

图 5-19 单开道岔转辙机部分线路图

任务 3　绘制桥墩构造图

图 5-20 所示为 K8+860 大土大桥桥墩一般构造图,分为立面图、侧面图和平面图。

下面学习采用 A3 图幅绘制此图,此图实际绘制尺寸为标注尺寸的 1/10。

【任务图示】

桥墩一般构造图如图 5-20 所示。

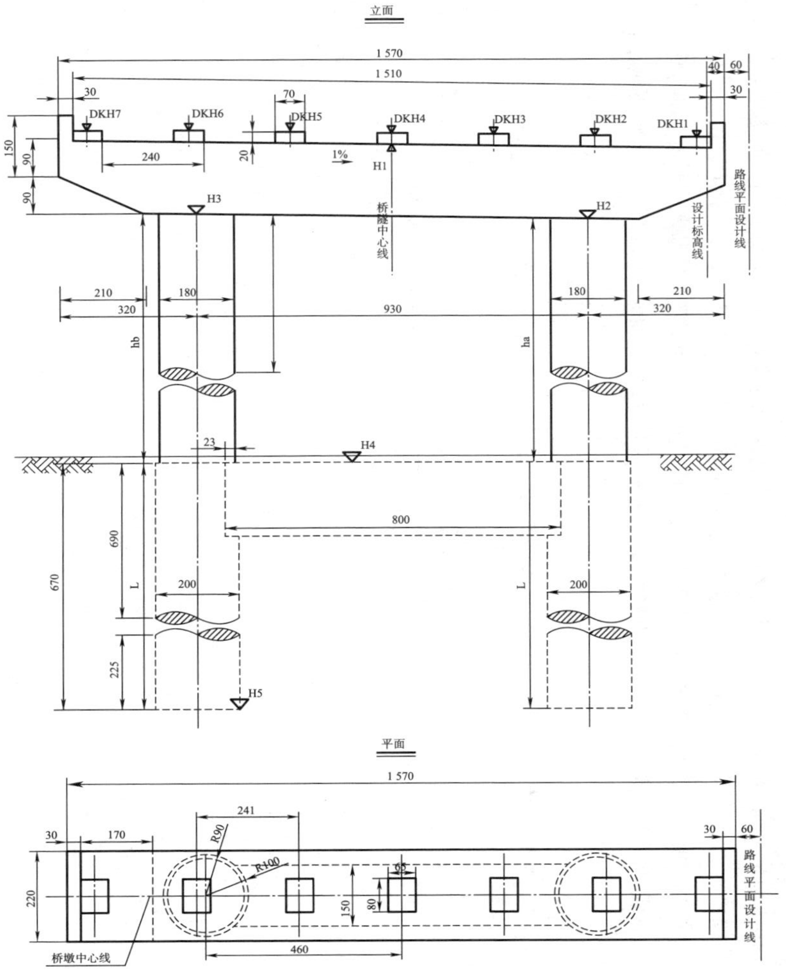

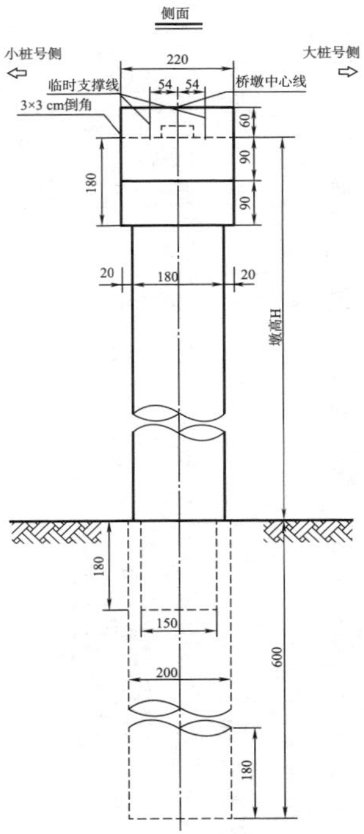

注：

1. 图中尺寸标高以米计外，其余均以厘米计。
2. 墩高H指距离道路设计线最近处墩高，结构外露锐角部位应做3×3 cm倒角。
3. 横坡由墩柱变高来调整，注意横坡方向。
4. 盖梁横坡和桥面横坡相同，是以靠近路线设计线内侧高外侧低为正，反之为负。
5. 本图理论跨径线处支承总高（楔形块中心厚+支座高度+支座垫块高度）取30 cm。
6. 本桥按嵌岩桩设计的桩基进入中风化岩层深度不小于2.0D。
7. 施工时注意，若实际地质情况与设计采用不符，应通知相关单位，调整基桩设计。
8. 桥墩施工前应核查设计标高、基桩坐标无误后方可放样、施工。
9. 标高尺寸见《桥墩一般构造（三）》。
10. 本图适用于2号墩左幅，3号墩左右幅。

图 5-20　桥墩一般构造图

【任务实施】

1. **绘制墩柱立面图**

步骤如下:

①打开 A3 图幅模板,绘制长度为 152,角度为 359°的斜线段。线宽为 0.5,打开界面右下工具栏中"显示/隐藏线宽"按钮 ▨。

②单击"正交"按钮 ▨,按图示尺寸 1/10 开始绘制图形,选择"捕捉"命令捕捉斜线段中点,绘制中心线。选中中心线,修改线型为 ▨。按照尺寸绘制图形,如图 5-21 所示。

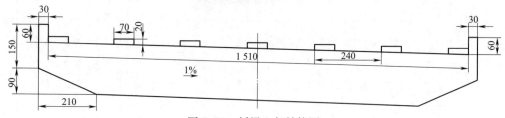

图 5-21 桥梁上部结构图

③将中心线向左偏移 46.5,调整中心线长度,再向左偏移 9,沿此线绘制长度为 39 的垂直线段,并将此线段向右偏移 18。利用样条曲线或圆弧绘制断面,并进行图案填充,如图 5-22(a)所示。以桥梁中心线为对称轴将桥墩进行镜像,修剪多余线条,如图 5-22(b)所示。

④按照图纸要求继续绘制虚线部分图形,要求虚线线型为 ▨ DASHED2,线条比例为 0.5。利用样条曲线或圆弧绘制断面,并进行图像填充,利用镜像和复制命令完成图形绘制,桥梁结构如图 5-23 所示。

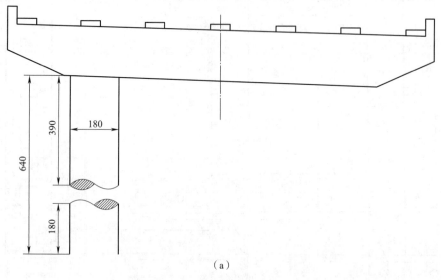

(a)

图 5-22 桥梁立面地面部分结构图

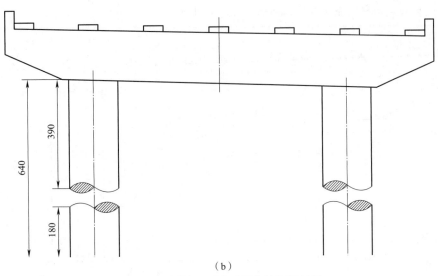

(b)

图 5-22 桥梁立面地面部分结构图(续)

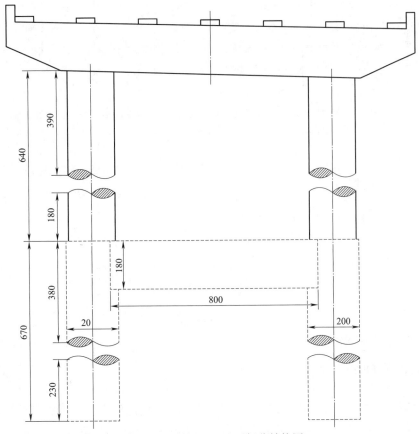

图 5-23 桥梁立面地下部分结构图

⑤利用直线和图案填充命令绘制地面,如图5-24所示。

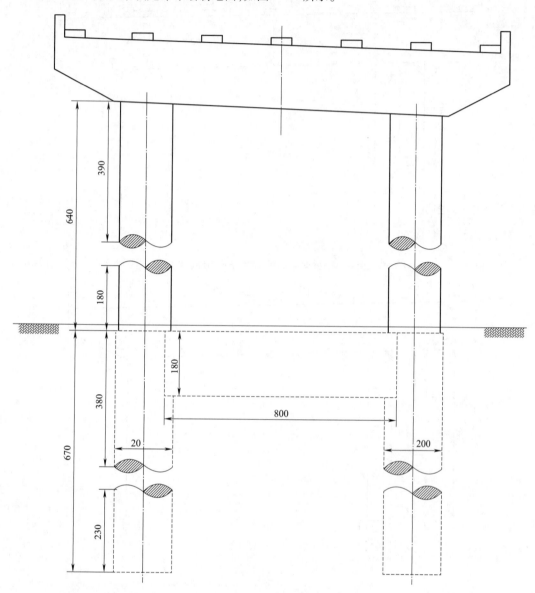

图5-24 桥梁立面地面结构图

⑥完成图中注释,如图5-25所示。

2. 绘制墩柱侧面图

步骤如下:

①单击"矩形"按钮,绘制长度为22,高度为15的矩形。将矩形分解,上边向下偏移6,线型改为 ━━ DASHED2 ,线宽为0.25。将虚线进行倒角,倒角距离为0.5。启动捕捉命令,捕捉矩形长边中点,绘制桥墩中心线,中心线线型为 ━━ CENTER2 ,线宽为0.25,比例为0.3。将中心线左右各偏移5.4,调整长度作为临时支撑线。绘制长度为6,高度为2的矩形,放置到图中指定位置,线型为 ━━ DASHED2 ,线宽为0.25,比例为0.3。继续绘制长为22,高为9的矩形,如图5-26所示。

立面

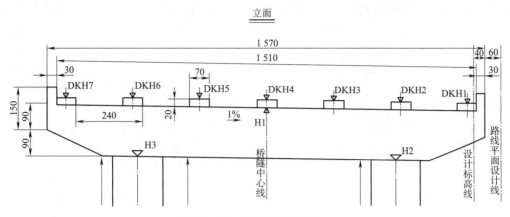

图 5-25　桥梁立面注释图

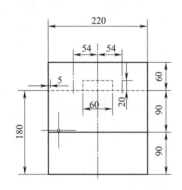

图 5-26　桥梁侧面上部结构图

②单击"直线"按钮,以下矩形的左端点为起点,向右绘制长度为 20 的水平线段,继续绘制垂直长度为 39 的垂直线段。单击"直线"按钮,以下矩形的右端点为起点,向左绘制长度为 20 的水平线段,继续绘制垂直长度为 39 的线段。利用"镜像"命令,以桥墩中垂线为对称轴进行镜像,将之前图的截面进行复制。同样,按照尺寸复制图形,如图 5-27 所示。

③同立面图一样绘制地面直线和图案填充部分,按照尺寸绘制桥梁侧地面下部分,如图 5-28 所示。

④完成桥梁侧面注释,如图 5-29 所示。

3. 绘制墩柱平面图

步骤如下:

①单击"矩形"按钮,绘制长度为 157,高度为 22

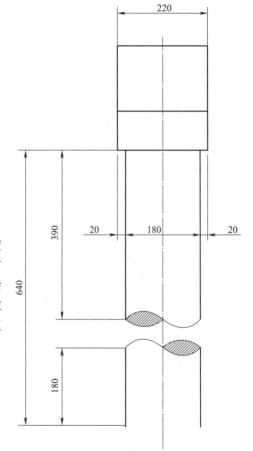

图 5-27　桥梁侧面地面结构图

的矩形,线宽为 0.35。分解矩形,将左边向右偏移 3,右边向左偏移 3。将偏移的线段再分别向右、向左偏移 17,所得线段为桥墩中心线,线型改为 DASHED2,线宽为 0.25,比例为 0.3。以矩形的上边和左边中点为基准,绘制水平中心线和垂直中心线,线型为 CENTER2,线宽为 0.25,比例为 0.3。将垂直中心线向左右各偏移 24.1,用同样的方法做出所有中心线,距离均为 24.1。

用绘的制长为6.5,高为8,线宽为3.5的矩形,将此矩形复制到各中心线交点处,如图5-30所示。

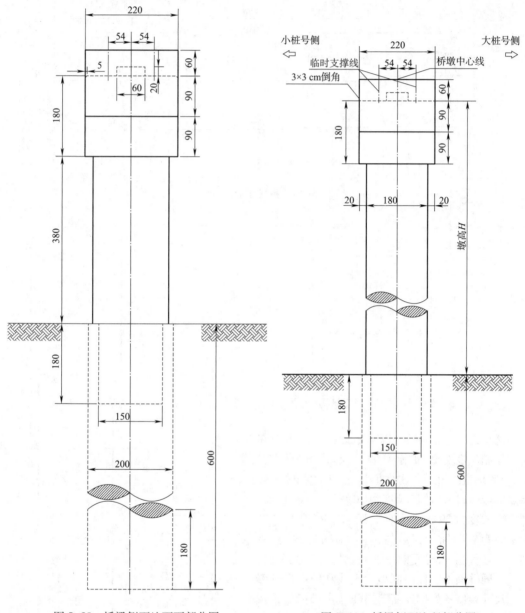

图5-28 桥梁侧面地面下部分图　　　　图5-29 桥梁侧面注释部分图

②将中间的垂直中心线向左偏移46作为辅助线,以此辅助线与水平中心线的交点作为圆心,绘制半径分别为9和10的两个同心圆,并将线型改为 CENTER2 ,线宽为0.25,比例为0.3。打开正交,从水平中心线与垂直中心线交点处向上绘制长度为7.5的辅助直线,向左绘制水平直线,直至半径为10的外圆处,线型为 DASHED2 ,线宽为0.25,比例为0.3。将此线向下偏移15。将所绘制图形以垂直中心线为对称轴进行镜像,如图5-31所示。

项目五 铁路工程图纸的绘制

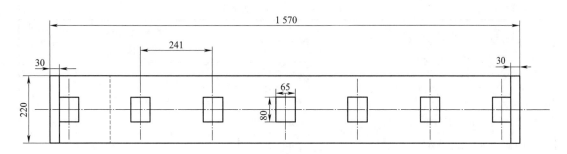

图 5-30 桥梁平面结构图

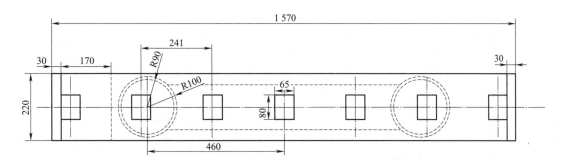

图 5-31 桥梁平面桥墩结构图

③绘制路线平面设计线并添加注释。将长度为 157，高度为 22 的矩形右边向右偏移 6，并进行拉伸，线型为 ，线宽为 0.25，比例为 0.3，绘制出路线平面设计线。添加注释，如图 5-32 所示。

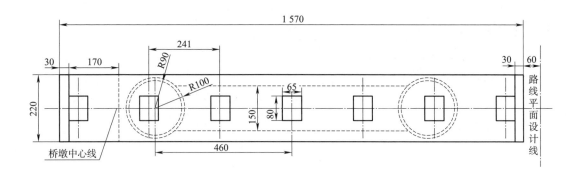

图 5-32 桥梁平面结构注释图

4. 添加文字

输入命令 TXET，添加文字，字体为仿宋，字高为 2.5。完成图 5-20 绘制。

项目评价

项目五评价表见表 5-1。

177

表 5-1 项目五评价表

项目名称				完成日期		月　日
班级		小组		姓名		
学号			组长签字			
评价项点		分值	自我评价		组内互评	教师评价
1. 了解专业图纸绘制步骤		30				
2. 掌握各部件结构绘制方法		30				
3. 熟悉应用 CAD 命令绘制图形		15				
4. 任务完成质量		15				
5. 合作精神		10				
总分						
自我总结						
教师评语						

绘制涵洞设计图,如图 5-33 所示。

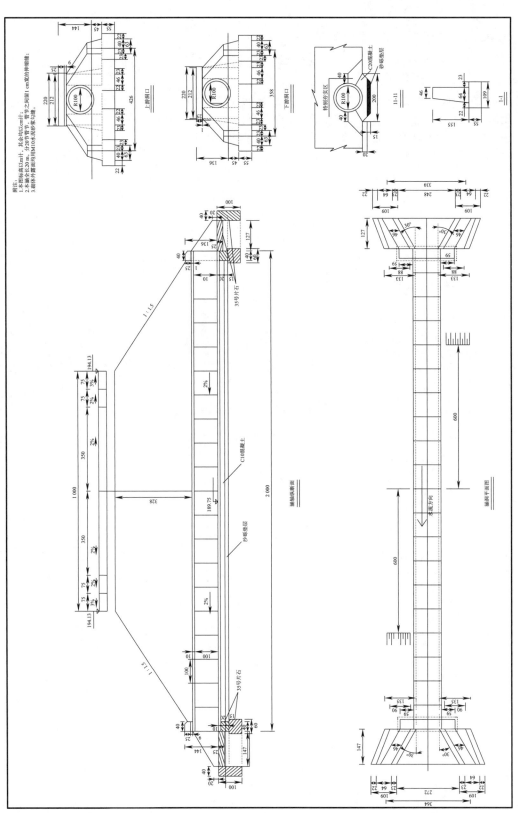

图 5-33 涵洞设计图

参 考 文 献

[1] 黄玮. 电气 CAD 实用教程[M]. 2 版. 北京:人民邮电出版社,2013.
[2] 刘国亭,刘增良. 电气工程 CAD [M]. 北京:中国水利水电出版社,2009.
[3] 王国顺. AutoCAD 基础教程[M]. 2 版. 北京:高等教育出版社,2008.